Anghesom Alemngus
Mathur B. S

Inventário hidrológico da bacia hidrográfica do rio Mereb-Gash na Eritreia

Anghesom Alemngus
Mathur B. S

Inventário hidrológico da bacia hidrográfica do rio Mereb-Gash na Eritreia

ScienciaScripts

Imprint
Any brand names and product names mentioned in this book are subject to trademark, brand or patent protection and are trademarks or registered trademarks of their respective holders. The use of brand names, product names, common names, trade names, product descriptions etc. even without a particular marking in this work is in no way to be construed to mean that such names may be regarded as unrestricted in respect of trademark and brand protection legislation and could thus be used by anyone.

Cover image: www.ingimage.com

This book is a translation from the original published under ISBN 978-3-659-85639-6.

Publisher:
Sciencia Scripts
is a trademark of
Dodo Books Indian Ocean Ltd. and OmniScriptum S.R.L publishing group

120 High Road, East Finchley, London, N2 9ED, United Kingdom
Str. Armeneasca 28/1, office 1, Chisinau MD-2012, Republic of Moldova, Europe
Managing Directors: Ieva Konstantinova, Victoria Ursu
info@omniscriptum.com

Printed at: see last page
ISBN: 978-620-8-60960-3

Índice:

INVENTÁRIO HIDROLÓGICO DA BACIA HIDROGRÁFICA DO RIO MEREB-GASH
BACIA HIDROGRÁFICA DA ERITREIA

ANGHESOM ALEMNGUS
B. S. MATHUR

RECONHECIMENTO

Estou sinceramente grato ao meu orientador, Dr. B. S. Mathur, Professor (Reformado) e Bolseiro Emérito, cujo encorajamento, orientação e apoio, desde o nível inicial até ao nível final, me permitiram desenvolver uma compreensão do assunto. A sua sabedoria, os seus conhecimentos e o seu empenhamento nos mais elevados padrões inspiraram-me e motivaram-me. Esteve sempre disponível para se encontrar comigo e falar sobre as minhas ideias, para rever e corrigir os meus trabalhos e capítulos, e para me fazer boas perguntas para me ajudar a pensar nos meus problemas, apesar dos seus muitos compromissos académicos e profissionais.

Estou grato ao Dr. N. K. Goel, professor, pelo seu acompanhamento constante da nossa vida quotidiana. O Dr. D. S. Arya, professor assistente, foi muito simpático e ajudou-me a aprender GIS e ERDAS e participou na resolução de problemas relacionados. O Dr. M. K. Jain, professor assistente, fez-me um comentário muito útil sobre como ultrapassar a falta de correspondência entre as diferentes imagens de deteção remota da área de estudo. O Dr. M. Perumal, professor associado, partilhou os seus conhecimentos sobre velocidade dinâmica. O Dr. D. K. Srivastava, professor, mostrou-me o caminho para a determinação da disponibilidade de água da bacia. Estou em dívida para com todos os professores, investigadores, colegas e membros do pessoal do departamento de hidrologia do IIT-Roorkee, pelo seu incansável apoio e contribuições para este trabalho. Sem o seu constante encorajamento e orientação, esta dissertação não poderia ter sido concluída.

Agradeço profundamente ao Sr. Semere Amlesom, Reitor do Colégio Agrícola de Hamelmalo, o seu apoio à ideia de trabalhar nas bacias hidrográficas da Eritreia e todos os esforços para contactar o Departamento de Recursos Hídricos. A sua visita ao IIT-Roorkee foi uma fonte de motivação e inspiração para mim. Os meus sinceros agradecimentos ao Sr. Tecle Yemane, do Departamento de Recursos Hídricos, por me ter fornecido os dados relevantes e a Ato Mussie Ghebretinsae por ter enviado os dados por correio expresso. Devo a minha profunda gratidão à Cooperação Técnica Económica Indiana (ITEC), Governo da Índia, por ter patrocinado o meu estudo.

Por último, mas não menos importante, agradeço aos meus queridos pais, familiares, irmãos e irmãs, amigos, à minha mulher e aos nossos dois filhos (Essey e Kurubiel) pelas suas bênçãos e apoio moral, financeiro e material.

RESUMO

A previsão do hidrograma de escoamento superficial é essencial para a avaliação da disponibilidade de água, a conceção de várias estruturas hidráulicas e o desenvolvimento e gestão de bacias hidrográficas. Há já algum tempo que são utilizados diferentes métodos na hidrologia das águas superficiais. A derivação do hidrograma unitário utilizando dados de precipitação e de escoamento superficial [Sherman], bem como as abordagens do hidrograma unitário sintético (SUH) e os modelos conceptuais para bacias hidrográficas com e sem medição são os esforços neste sentido. No entanto, a maioria deles tem limitações por uma ou outra razão. Assim, mais recentemente, a utilização do hidrograma geomorfológico instantâneo unitário (GIUH), juntamente com outros modelos conceptuais, provou ser a abordagem mais bem sucedida para a previsão de cheias em bacias hidrográficas não avaliadas. A este respeito, o Sistema de Informação Geográfica (SIG) e as ferramentas de processamento de imagens de deteção remota têm-se revelado úteis para a determinação das caraterísticas geomorfológicas em que se baseia todo o desenvolvimento do GIUH.

Neste estudo, a aplicabilidade do modelo de Nash baseado no GIUH é testada na bacia do Mereb-Gash na Eritreia. Devido às incertezas dos dados de precipitação registados no alto Mereb-Gash, os escoamentos superficiais diretos não são calculados com nenhuma das abordagens acima referidas. Em vez disso, os hidrogramas unitários (UH) do modelo de Nash baseado no GIUH são desenvolvidos e comparados com o UH [Sherman] para a bacia hidrográfica de Debarwa e com o SUH para outras bacias hidrográficas não medidas. No entanto, os resultados indicam que o método SUH é aplicável a pequenas bacias hidrográficas como Debarwa, Adi-Ghergera, Ethio1 e Ethio2, enquanto que a divergência entre o modelo de Nash baseado no GIUH e o SUH é claramente observada para as bacias hidrográficas maiores (Tsorona, Tokombia, Adi-Chigono e Tessenei).

CAPÍTULO-1

INTRODUÇÃO

1.1 Generalidades

A água é um recurso natural precioso e é vital para todas as formas de vida. Sem água, todos Os seres vivos da Terra não podem sobreviver. Refere-se geralmente à parte da água doce que é renovável anualmente e inclui as águas superficiais, as águas do solo e as águas subterrâneas água. A tecnologia dos recursos hídricos desempenhou um papel importante nas antigas civilizações de os impérios babilónico, egípcio, hitita, grego, romano, chinês e outros (Yevjevich, 1992). Atualmente, os registos de observação e as projecções climáticas fornecem Existem provas abundantes de que os recursos de água doce são vulneráveis e têm potencial para ser fortemente afetado pelas alterações climáticas, com consequências de grande alcance para os seres humanos sociedades e ecossistemas (IPCC, 2008). Como tal, um conhecimento profundo das processos meteorológicos e hidrológicos que influenciam a quantidade e a qualidade da água os recursos hídricos e a sua distribuição e variabilidade no tempo e no espaço é inevitável para o desenvolvimento global de qualquer nação.

Os dados de caudal dos cursos de água são os dados hidrológicos mais importantes para a análise das águas superficiais.

Estes dados são analisados para determinar a magnitude e a variabilidade das águas superficiais.

Constituem um contributo para o planeamento, conceção e exploração de projectos de águas de superfície e são também utilizados na conceção de pontes e condutas, sistemas de previsão de cheias, planícies aluviais delineamento, etc. Para este efeito, o cálculo do escoamento superficial direto para uma A conceção da bacia hidrográfica em causa é essencial. São utilizados diferentes métodos de conceção estimativa das inundações; método racional, método empírico, método da frequência das inundações, abordagem determinística, e modelos de bacias hidrográficas. A utilização de um determinado método depende do objetivo pretendido, dos dados disponíveis e da importância do projeto. Os três primeiros métodos são geralmente utilizados para estimar a magnitude de pico de caudal, enquanto as técnicas de modelos determinísticos e de bacias hidrográficas podem fornecer o A fórmula racional só é aplicável a bacias hidrográficas de pequena dimensão (menos de 50 km^2). As fórmulas empíricas são essencialmente as fórmulas regionais baseadas na correlação estatística. A abordagem da análise de frequência é o método estatístico para prever os picos de cheia de um período de retorno especificado. O método determinístico (hidrograma unitário) é basicamente uma relação chuva-vazão normalmente aplicável a bacias hidrográficas de dimensão moderada com uma área inferior a 5 000 km^2. A técnica do hidrograma unitário (UH), juntamente com o encaminhamento, pode ser utilizada para estimar a cheia de projeto para bacias de maiores dimensões, dividindo a bacia em sub-bacias mais pequenas. Por conseguinte, o presente trabalho tem por objetivo utilizar a técnica UH para o estudo das águas superficiais da bacia do rio Mereb-Gash na Eritreia, com ênfase num projeto-piloto selecionado no seu curso superior, nomeadamente as bacias hidrográficas dos rios Ghergera e Debarwa.

1.2 Panorama dos recursos hídricos da África Oriental

Aparentemente, a África possui recursos hídricos abundantes em grandes rios, grandes lagos, vastas zonas húmidas e águas subterrâneas limitadas, mas generalizadas. Tem 17 rios com áreas de captação superiores a 100 000 km^2. Além disso, tem mais de 160 lagos com mais de 27 km^2, a maioria dos quais se situa na região equatorial e nas terras altas sub-húmidas da África Oriental, no Vale do Rift. Os recursos de água doce de África estão distribuídos de forma desigual pelo continente, tendo a África Ocidental e Central uma precipitação significativamente maior do que a África Setentrional, Oriental e Austral. Devido à localização geográfica de África e, consequentemente, ao seu clima, o caudal de muitos rios africanos é altamente sazonal (Dennis, 2003).

Os muitos lagos de África estendem-se ao longo do Vale do Rift da África Oriental, desde o Mar Vermelho até à foz do rio Zambeze (Zâmbia). A evaporação excede a precipitação à superfície e, consequentemente, o seu caudal é inferior às quantidades trazidas anualmente pelos seus afluentes. A quantidade e qualidade das reservas de água subterrânea estão intimamente relacionadas com a estrutura geológica e as condições em que a água subterrânea é encontrada. Os planaltos da África Oriental contêm geralmente pouca ou nenhuma quantidade de água subterrânea. Nas áreas vulcânicas desta região, a água subterrânea pode ter um teor de flúor tão elevado que a torna imprópria para consumo humano (Mamdouh, 2003).

O rio Nilo, considerado o rio mais longo do mundo, é um rio que corre de sul para norte em África e desagua no Mar Mediterrâneo. Tem uma área de drenagem de 3.254.555 km^2, o que corresponde a cerca de 10% da área de África. O rio Nilo e os seus afluentes atravessam dez países: Tanzânia, Uganda, Ruanda, Burundi, República Democrática do Congo, Quénia, Etiópia, Eritreia, Sudão e Egito, conforme indicado no Quadro 1.1. Existem dois grandes afluentes do Nilo que se juntam em Cartum, ou seja, o Nilo Branco, que começa na África Oriental equatorial, e o Nilo Azul, que tem origem na Etiópia. Antes da confluência do Nilo Azul e do Nilo Branco, o único grande afluente que resta é o rio Atbara. Este atravessa a fronteira entre a Eritreia e a Etiópia (conhecida por rio Setit) e junta-se ao rio Mereb (Eritreia) no Sudão.

Quadro 1.1 Áreas da bacia do Nilo em diferentes países de África (*Fonte*: FAO, 1997)

País	Área total do país	Área do país na bacia hidrográfica	Em % da superfície total da bacia	Em % da superfície total do país	Precipitação média anual na zona da bacia (mm)		
	(km^2)	(km^2)	(%)	(%)	min.	máximo.	Média
Burundi	27834	13260	0.4	47.6	895	1570	1110
Ruanda	26340	19876	0.6	75.5	840	1935	1105
Tanzânia	945090	84200	2.7	8.9	625	1630	1015
Quénia	580370	46229	1.5	8.0	505	1790	1260
Congo	2344860	22143	0.7	0.9	875	1915	1245
Uganda	235880	231366	7.4	98.1	395	2060	1140
Etiópia	1100010	365117	11.7	33.2	205	2010	1125
Eritreia	121890	24921	0.8	20.4	240	665	520
Sudão	2505810	1978506	63.6	79.0	0	1610	500
Egito	1001450	326751	10.5	32.6	0	120	15
Para o Nilo		3112369	100.0		0	2060	615

De acordo com o Painel Intergovernamental sobre as Alterações Climáticas (IPCC, 2008), o continente africano é o mais vulnerável às alterações climáticas. Prevê-se que o escoamento superficial e a disponibilidade de água diminuam nas regiões norte e sul do continente. A frequência das inundações e das secas pode aumentar. Consequentemente, prevê-se que 25 países africanos (entre os quais muitos países da África Oriental) sofram de escassez de água nos próximos 20-30 anos. Davidson et al (2003) sugeriram que os impactos negativos associados às alterações climáticas são agravados por muitos factores, incluindo a pobreza generalizada, as doenças humanas e a elevada densidade populacional, que se estima que duplicará a procura de alimentos, água e forragem para o gado nos próximos 30 anos. Os recursos hídricos da África Oriental caracterizam-se pela multiplicidade de bacias hidrográficas transfronteiriças, pela extrema variabilidade espacial e temporal do clima e da precipitação, pela crescente escassez de água, pela distribuição desigual das águas subterrâneas, pelo aumento da procura e pelo baixo investimento, pela poluição da água e pela degradação do ambiente, bem como pela inadequação dos dados e da capacidade humana (Dennis, 2003). Além disso, o aumento constante da população e os desafios económicos que a região enfrenta são os principais obstáculos ao desenvolvimento dos recursos hídricos. No entanto, para resolver estes problemas e outros possíveis conflitos sobre os recursos hídricos partilhados, os países da região formaram uma Iniciativa da Bacia do Nilo em 1999. No entanto, são necessários mais esforços concertados para tornar tangíveis os objectivos desta iniciativa e para utilizar adequadamente o potencial dos recursos hídricos da região. O resumo da disponibilidade de água, da utilização e do seu potencial nos diferentes países da bacia do Nilo é apresentado no Quadro 1.2.

1.3 Perfil geral da Eritreia

1.3.1 Antecedentes históricos

A Itália fixou as fronteiras da Eritreia em janeiro de 1890 e governou-a como colónia até 1941. Os britânicos assumiram a administração depois de os italianos terem sido derrotados na Segunda Guerra Mundial. Na sequência de uma decisão das Nações Unidas, a Eritreia foi federada na Etiópia em 1952, com um certo grau de autonomia. No entanto, a anexação da Eritreia pela Etiópia, 10 anos mais tarde, desencadeou uma luta armada pela independência que durou 30 anos e que acabou por terminar em maio de 1991. Num referendo supervisionado internacionalmente, os eritreus votaram a favor da independência, que foi oficialmente declarada em 24 de maio de 1993.

A Eritreia tem uma população de cerca de cinco milhões de habitantes, com uma taxa de crescimento de 3,1%. A população está dividida entre muçulmanos e cristãos. Embora a densidade populacional seja de 41,2 por km^2, 65% da população vive nas terras altas e nas zonas verdes, que representam apenas 16% da área total (Vasudevu, 2009). O país está dividido em seis regiões administrativas chamadas Zobas, 59 subzonas e 2.606 agrupamentos de aldeias, organizados em 701 aldeias administrativas legalmente registadas. A capital, Asmara, situa-se a uma altitude de cerca de 2.350 m acima do nível do mar.

Quadro 1.2 Potencial de irrigação, necessidades hídricas, disponibilidade de água e áreas irrigadas na bacia do Nilo (*Fonte*: FAO, 1997)

Zona do país na bacia do Nilo	Potencial de irrigação	Necessidade bruta de água para irrigação		Fluxos reais		Caudais após dedução para irrigação e perdas		Área já irrigada
		por hectare	total	Influxo	escoamento	influxo	escoamento	
	(ha)	(m^3/ha.ano	) (km^3/ano)	(km^3/ano)	(km^3/ano)	(km^3/ano)	(km^3/ano)	(ha)
Burundi	80000	13000	1.04	0.00	1.50	0.00	0.46	0
Ruanda	150000	12500	1.88	1.50	7.00	0.46	4.09	2000
Tanzânia	30000	11000	0.33	7.00	10.70	4.09	7.46	10000
Quénia	180000	8500	1.53	0.00	8.40	0.00	6.87	6000
Congo	10000	10000	0.10	0.00	1.50	0.00	1.40	0
Uganda	202000	8000	1.62	28.70	37.00	23.83	30.51	9120

Etiópia	2220000	9000	19.98	0.00	80.10	0.00	60.12	23160
Eritreia	150000	11000	1.65	0.00	2.20	0.00	0 55	15124
Sudão	2750000	14000	38.50	117.10	55.50	90.63	31.13	1935200
Egito	4420000	13000	57.46	55.50	descansar para mar	31.13	-26.33	3078000
Soma dos países	10192000		124.08					5078604
Total para Bacia do Nilo	< 8000000							

1.1.2 Geografia

A Eritreia está situada na África Oriental entre as latitudes 12° e 18° N e as longitudes 36° e 44° E e inclui o Arquipélago de Dahlak e outras ilhas ao longo da costa do Mar Vermelho. Faz fronteira com o Sudão a norte e a oeste, com a Etiópia a sul, com a República do Djibuti a sudeste e com o Mar Vermelho a norte e a nordeste (Fig. 1.1). Abrange uma área de 124 324 km^2, compreendendo um planalto, uma planície e planícies costeiras.

1.1.3 Topografia e clima

A topografia da Eritreia pode ser dividida em três grandes categorias. Em primeiro lugar, a faixa de planície árida e estreita ao longo da costa do Mar Vermelho. Em segundo lugar, o planalto, que é uma extensão do planalto etíope dissecado por vales fluviais e, por último, a planície ocidental ao longo da fronteira sudanesa. O ponto mais alto é Emba Soira, a sudeste de Asmara, a 3 010 m acima do nível do mar. O ponto mais baixo situa-se na depressão de Danakil, com lugares a 130 m abaixo do nível do mar.

A Eritreia tem seis zonas agro-ecológicas (Negassi et al, 2002) definidas pelo clima, altitude, solo e vegetação (Fig. 1.2). Estas compreendem o seguinte (i) *a* zona *húmida* das terras altas, localizada na parte sul das terras altas, com uma pequena área adicional mais a norte, tem uma altitude superior a 1.500 m acima do nível do mar e uma precipitação média anual superior a 500 mm; (ii) *a* zona *húmida das terras baixas*, localizada nas partes sul e sudoeste do país, tem uma altitude que varia entre 500 e 1.600 m acima do nível do mar, um clima semi-árido quente a quente e uma precipitação média anual entre 500 e 800 mm; (iii) *a* zona *árida das terras altas*, situada na parte norte, tem uma altitude que varia entre 1.600 e 2.600 m acima do nível do mar, é caracterizada por um clima quente; (iv) *as terras baixas áridas* têm uma altitude que varia entre 400 e 1.600 m acima do nível do mar, com um clima árido quente e uma precipitação média anual inferior a 300 mm (v) *a escarpa sub-húmida* (também conhecida por cintura verde) que se estende ao longo das escarpas orientais das terras altas, com uma altitude que varia entre 600 e mais de 2 600 m acima do nível do mar, com uma precipitação que pode atingir os 1 000 mm; vi) *a* zona *semidesértica* ao longo da costa do Mar Vermelho, com uma altitude
que varia entre o nível do mar e os 600 m, com um clima do Sara e uma precipitação inferior a 200 mm.

As terras altas da Eritreia estão localizadas na massa terrestre mais elevada do continente africano e, por conseguinte, têm um clima muito mais fresco e húmido do que a costa semi-árida ao longo do Mar Vermelho e as colinas e terras baixas ocidentais. Os dados obtidos do Departamento de Recursos Hídricos (WRD) revelam que a temperatura média em Asmara é de cerca de 16,3°C, ao passo que em Massawa (na costa) é de cerca de 30,2°C.

1.1.4 Recursos naturais

Os recursos da Eritreia incluem a barite, o cobre, o feldspato, o peixe, o ouro, o caulino, a potassa, o sal, o zinco, o mármore e o granito. A Eritreia é dotada de um rico potencial turístico e de relíquias históricas. Por outro lado, devido ao facto de ser um país árido e semi-árido na África do Sahel, possui recursos hídricos limitados. A maioria da população depende das águas subterrâneas como principal fonte de abastecimento de água para diferentes utilizações. É também um país predominantemente dependente da agricultura de sequeiro. Por conseguinte, tem sido vítima de secas recorrentes e devastadoras.

1.1.5 Utilização dos solos e factores ambientais

Menos de 13,6% da terra na Eritreia é cultivável (0,37 hectares por habitante) com um potencial de irrigação de 11,7% da área cultivável (FAO, 2005). Embora a grande maioria das terras seja adequada apenas para pastagem, algumas zonas, como a costa do Mar Vermelho e o extremo norte, são demasiado áridas mesmo para este fim.

Tesfagiorgis (1993) indicou claramente as preocupações ambientais prementes da Eritreia. Tal como as outras partes da região do Corno de África, a Eritreia tem sofrido a sua quota-parte de degradação ambiental; as águas secaram, as florestas desapareceram, os solos férteis sofreram uma erosão vertiginosa e observou-se uma expansão da desertificação nas últimas décadas. A este respeito, o plano nacional de gestão ambiental para a Eritreia impõe a todos os eritreus a obrigação de utilizar os recursos naturais de forma frugal, de reutilizar e reciclar os recursos ao máximo e de minimizar o esgotamento dos recursos não renováveis.

1.4 Necessidade de investigação sobre a Eritreia

Quando a Eritreia foi libertada em 1991, todas as suas infra-estruturas, em geral, e o sector dos recursos hídricos, em particular, tinham sido completamente devastados pela guerra de 30 anos pela independência. Consequentemente, isto levou à interrupção dos registos hidrológicos devido à destruição de muitos dos antigos locais de medição. Isto reflecte-se na presença de grandes lacunas nos registos (3 a mais de 20 anos) de dados de precipitação anual das cidades e vilas da Eritreia. Para além de quebras substanciais nas séries temporais de dados, as medições erráticas ou não fiáveis são responsáveis pela fraca qualidade dos dados disponíveis.

Desde a independência, o governo e o povo da Eritreia têm trabalhado diligentemente ao seu melhor nível para desenvolver o sector dos recursos hídricos. Vale a pena referir que foram construídas várias barragens (reservatórios) e estruturas de desvio para diferentes utilizações. Mas, de acordo com Garry et al (1998), a ausência total de dados históricos sobre o caudal dos cursos de água, bem como de registos climatológicos na Eritreia, tem sido o principal obstáculo ao planeamento e à conceção de projectos de desenvolvimento dos recursos hídricos. Por conseguinte, é indispensável dispor de dados hidrometeorológicos actualizados e adequados. Para atingir este objetivo, o WRD e outros sectores governamentais tornaram funcionais as antigas estações e criaram também novas estações hidrológicas e meteorológicas.

A espinha dorsal da economia da Eritreia é a agricultura. O objetivo final do governo de garantir a segurança alimentar pode ser alcançado através da introdução de sistemas de irrigação baseados em tecnologias modernas e da adoção de práticas racionais de conservação do solo e da água, com uma menor dependência da irrigação total das águas pluviais. Uma avaliação adequada da disponibilidade de água através da realização de investigações hidrológicas científicas de todas as bacias hidrográficas é o primeiro passo nesta direção. Ajudará também a calcular corretamente o escoamento superficial, o que conduzirá à estimativa do potencial de inundação e à proteção contra as inundações através do desenvolvimento adequado de um sistema de previsão de inundações para reforçar a economia do país. Como primeiro passo nesse sentido, foi realizado o inventário hidrológico da bacia hidrográfica do rio Mereb-Gash, tal como referido nas secções seguintes.

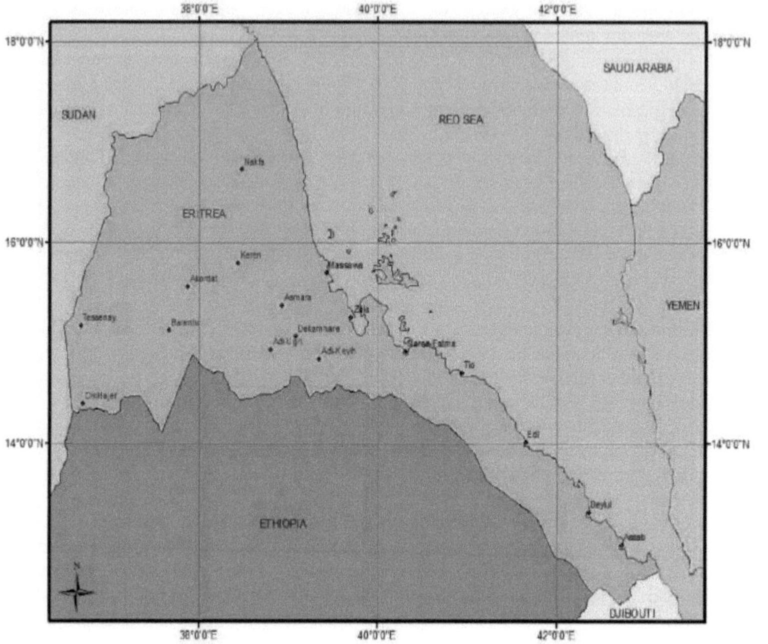

Fig. 1.1 Localização geográfica da Eritreia

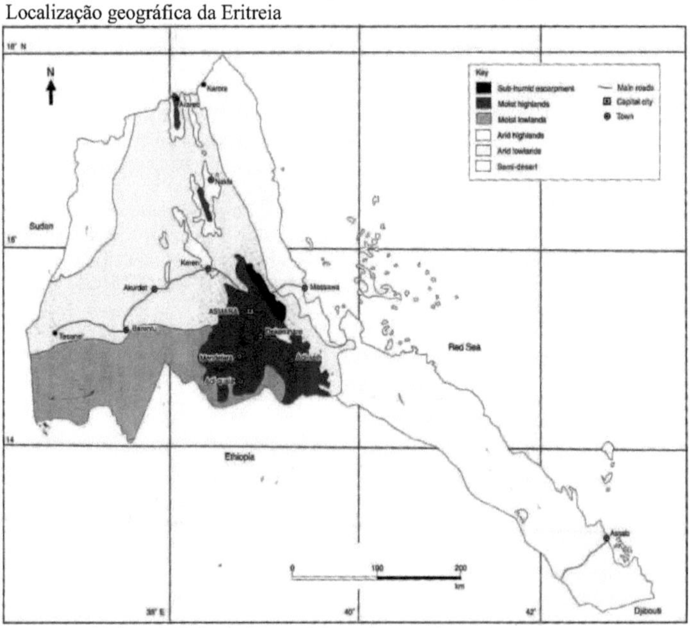

Fig. 1.2 Zonas agro-ecológicas da Eritreia (*Fonte*: Negassi A. et al, 2002)

1.5 Objetivo do estudo

O cálculo do escoamento superficial direto (DSRO) é indispensável para diferentes trabalhos de engenharia que podem ser obtidos a partir de dados observados de caudal e de precipitação. No entanto, no caso de bacias hidrográficas não avaliadas ou com algumas incertezas dos dados recodificados, o cálculo do DSRO acaba por ter resultados insatisfatórios. Nestas circunstâncias, é necessário procurar outras técnicas que utilizem as caraterísticas geomorfológicas e fisiográficas da bacia hidrográfica. Ambas as abordagens serão tentadas utilizando o método UH para a determinação da DSRO na bacia hidrográfica do rio Mereb-Gash, com ênfase nas sub-bacias do alto Mereb-Gash (Ghergera e Debarwa). Especificamente, este estudo tem os seguintes objectivos

i) Para obter um hidrograma unitário com base nos registos de estádios observados

ii) Desenvolver um hidrograma unitário sintético com base nas caraterísticas fisiográficas iii) Desenvolver um UH com base no hidrograma unitário instantâneo geomorfológico (GIUH) com base no modelo de Nash

Depois de derivar os vários UHs usando os métodos acima, será recomendado aquele que parece ser adequado para os cálculos de DSRO na área de estudo especificada.

1.6 Apresentação da tese

O objeto da presente tese foi apresentado em oito capítulos. O primeiro capítulo destaca a importância dos dados de caudal, os recursos hídricos da África Oriental, o perfil geral da Eritreia e os objectivos do estudo. O segundo capítulo descreve sucintamente as principais bacias hidrográficas da Eritreia e a sua hidrometeorologia.

A metodologia adoptada neste estudo é abrangida por seis capítulos: descrição da área de estudo e dos dados disponíveis no terceiro capítulo, processamento e análise dos dados no quarto, aplicação do UH, derivação e hidrograma unitário sintético no quinto, e hidrograma unitário instantâneo geomorfológico baseado no modelo de Nash nos sextos capítulos. A síntese dos resultados obtidos nos capítulos anteriores é apresentada e discutida no sétimo capítulo. Finalmente, no último capítulo, são apresentadas as inferências e recomendações adequadas.

CAPÍTULO 2

BACIAS HIDROGRÁFICAS DA ERITREIA

2.1 Introdução

Uma bacia de drenagem é a área delimitada pela curva de nível mais elevada, denominada divisor de águas, a partir da qual a água precipitada é recolhida por fluxos superficiais e subsuperficiais e drenada através do rio natural. A evaporação, a precipitação e o caudal dos cursos de água são os parâmetros mais importantes para os estudos hidrometeorológicos de uma bacia de drenagem. A evaporação é utilizada para determinar as perdas de água em lagos, lagoas e reservatórios, bem como para avaliar as necessidades hídricas das culturas. As estimativas de evaporação das bacias hidrográficas são utilizadas para a modelação hidrológica concetual. Os dados de precipitação são utilizados para a conceção e construção de vários projectos de recursos hídricos. Deduzindo as perdas por evaporação da precipitação, é possível estimar o escoamento superficial. Os dados de caudal de longo prazo são necessários para a avaliação do rendimento hídrico das bacias hidrográficas e para o dimensionamento da capacidade de armazenamento das barragens. Tendo em conta os factos acima referidos, o tema deste capítulo é fornecer uma visão geral das principais bacias hidrográficas e da hidrometeorologia da Eritreia.

2.2 Principais bacias hidrográficas

A Eritreia tem cinco bacias hidrográficas principais, nomeadamente as bacias de Setit, Mereb-Gash, Barka-Anseba, Mar Vermelho e Depressão de Danakil (Fig. 2.1). Os dois primeiros rios confluem no Sudão e acabam por se juntar ao rio Nilo. Por outro lado, as bacias de drenagem de Barka-Anseba e do Mar Vermelho drenam para o Mar Vermelho. Os sistemas fluviais, com uma estreita faixa de captação ao longo da fronteira sudeste com a Etiópia, desaguam na bacia do Danakil.

2.2.1 Bacia do rio Setit

O rio Setit é o único curso de água perene da Eritreia, embora não seja navegável. Nasce a norte do Lago Tana (a principal fonte do Nilo Azul, na Etiópia), juntando-se à fronteira ocidental e desaguando no Sudão. Estima-se que parte da área da bacia que contribui para este rio a partir do território da Eritreia seja de 7 517 km^2. O seu caudal anual total está estimado em 8 000 x 106 m3 (Zerai, 1996).

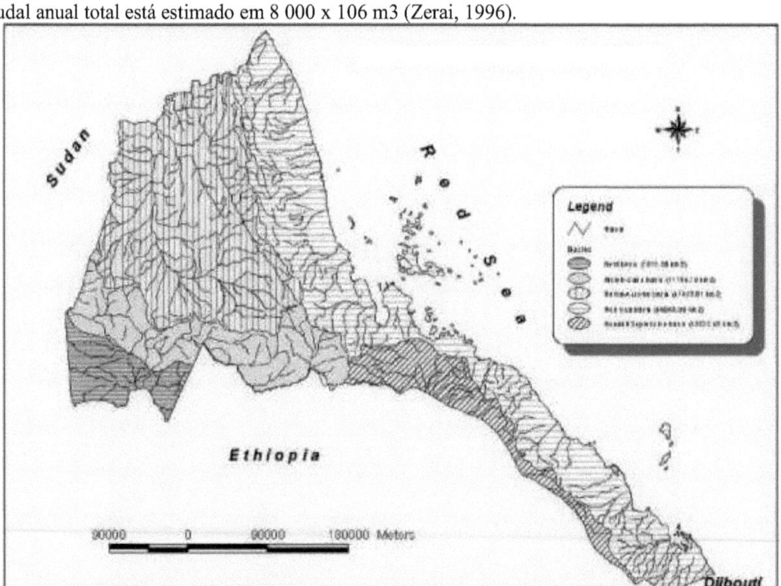

Fig. 2.1 Bacias hidrográficas da Eritreia (*Fonte*: WRD, Eritreia)

2.2.2 Bacia do rio Mereb-Gash

A bacia do rio Mereb-Gash é uma das principais bacias hidrográficas da Eritreia. O rio nasce a norte de Emba-Takara (centro da Eritreia), que constitui em parte uma fronteira entre a Eritreia e a Etiópia. Corre ainda para sul, fazendo fronteira com a Etiópia, e depois para oeste, atravessando a Eritreia ocidental, para chegar às planícies sudanesas perto de Kassala. No seu curso a montante, é chamado Mereb e Gash nas planícies ocidentais a jusante. Ao contrário do rio Setit, que é perene, o Mereb está seco durante grande parte do ano, sujeito a cheias súbitas durante a estação das chuvas. A descarga média anual do Mereb-Gash em Kassala durante os anos 1907-1929 foi de $430x10^6 m^3$ (Zerai, 1996). Os seus principais afluentes são o Obel, o Tsorona, o Belesa e muitos outros. Tem uma superfície de 21 805 km^2 (com a sua foz perto da cidade de Tessenei), dos quais mais de 82% se situam no território da Eritreia.

2.2.3 Bacia hidrográfica do rio Barka-Anseba

A bacia hidrográfica do rio Barka-Anseba é uma bacia combinada de dois rios, o rio Barka e o rio Anseba, ambos originários das terras altas centrais da Eritreia, que correm para noroeste. Juntam-se na fronteira com o Sudão e acabam por desaguar no Mar Vermelho. Tal como o Mereb-Gash, os sistemas fluviais desta bacia são sazonais e têm uma área total de bacia de 41 963 km^2.

2.2.4 Bacia hidrográfica do Mar Vermelho

A bacia do Mar Vermelho é constituída por toda a área ao longo da costa do Mar Vermelho. Não tem um único rio principal definido; em vez disso, tem uma série de pequenos rios que correm diretamente para o Mar Vermelho. É a maior bacia do país, com uma área de cerca de 46 069 km^2, e caracteriza-se por uma precipitação baixa e irregular, uma vez que se situa ao longo das zonas costeiras. Garry et al (1998) identificaram os caudais dos rios desta bacia como tendo altas velocidades que transportam grandes cargas de sedimentos em canais rochosos devido à topografia granítica íngreme da escarpa virada a leste.

2.2.5 Bacia hidrográfica da depressão do Danakil

A bacia hidrográfica da Depressão de Danakil situa-se ao longo da fronteira sudeste da Eritreia e desagua na depressão de Danakil. Devido à sua topografia fechada e ao clima árido, caracteriza-se por solos altamente salinos e tem pouco potencial agrícola. A bacia de Danakil é uma bacia muito seca no Vale do Rift, com uma área de cerca de 10.532 km^2. Recebe menos de 200 mm de precipitação anual, sendo a maior parte da precipitação inferior a 100 mm.

2.3 Hidrometeorologia da Eritreia

Os dados hidrometeorológicos são a riqueza nacional de uma nação. São necessários para avaliar, desenvolver e gerir os recursos hídricos de um país e o seu ambiente relacionado com a água. Por exemplo, estes dados ajudam a compreender os efeitos de longo alcance do clima na economia e no bem-estar da humanidade. O clima distingue-se de outros recursos naturais pelas suas fortes variações temporais e espaciais. Como tal, o clima e os seus efeitos não podem ser avaliados por um único inquérito, exigindo antes registos consistentes de longo prazo. As tendências, que os dados a curto prazo podem revelar, não podem ser facilmente extrapoladas para fornecer previsões razoáveis de alterações futuras. Por estas razões, a monitorização hidrometeorológica deve ser contínua, e a acumulação de dados fiáveis durante longos períodos é essencial para interpretar as alterações espaciais e temporais.

Com base na realidade anterior e no facto de que um estudo dos recursos hídricos começa justamente com a medição da precipitação, muitos dos locais de monitorização da precipitação na Eritreia foram estabelecidos antes de 1900, por exemplo, Massawa 1885, Mendefera 1895 e semelhantes. Apesar do estabelecimento precoce de locais de monitorização do clima, existe uma interrupção na série cronológica da precipitação durante um período de tempo considerável, possivelmente devido à guerra pela independência nas proximidades de quase todas as estações. Atualmente, o WRD, juntamente com outros sectores governamentais, efectua a monitorização da hidrometeorologia em diferentes locais do país numa base operacional. Assim, existem 19 estações de medição de caudais (Fig. 2.2) e 112 sítios agro-meteorológicos estabelecidos em todo o país (Fig. 2.3).

A precipitação na Eritreia caracteriza-se por uma elevada intensidade durante um curto período de tempo, é torrencial, muito imprevisível e ocorre esporadicamente. Devido à natureza acidentada das terras altas, às formações finas do solo e ao terreno em grande parte desflorestado, a maior parte da chuva transforma-se em inundações repentinas. Assim, a interação solo-água é muito reduzida. Embora existam formações geológicas favoráveis nas terras baixas, a infiltração é também baixa devido às elevadas taxas de evaporação que podem ir até 8.000 mm por ano na área de Gash-Barka, sendo a mais elevada da região Sudano-Saheliana (FAO, 2005) e à elevada intensidade da precipitação. Como se mostra na Fig. 2.4, as planícies e terras altas do sul recebem precipitação acima de 500 mm por ano, enquanto as áreas planas ao longo da costa do Mar Vermelho e o extremo norte recebem uma quantidade muito pequena de precipitação, com uma área considerável a receber uma precipitação anual inferior a 100 mm. Embora não exista atualmente informação disponível sobre o estado dos dados históricos do caudal e dos diferentes parâmetros meteorológicos dos sistemas fluviais do país, estes são altamente variáveis entre as bacias e mesmo dentro de uma única bacia devido às suas variações topográficas e aos factores meteorológicos regionais e globais.

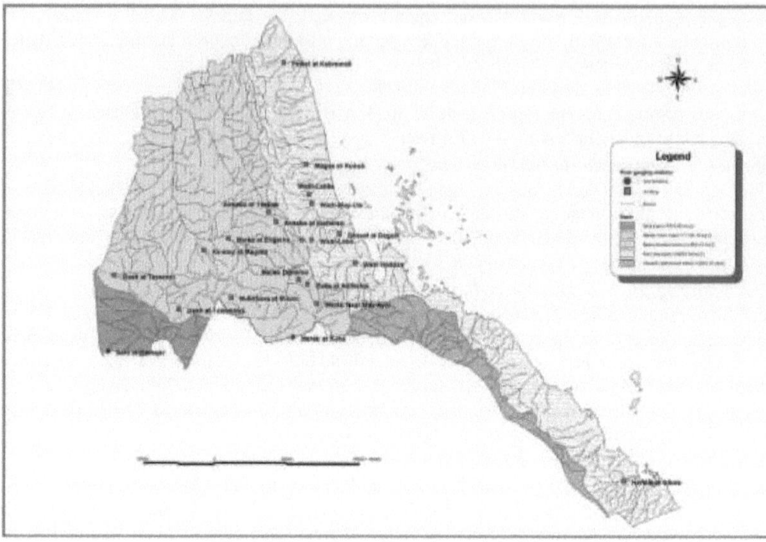

Fig. 2.2 Rede de medição de caudais (*Fonte*: WRD, Eritreia)

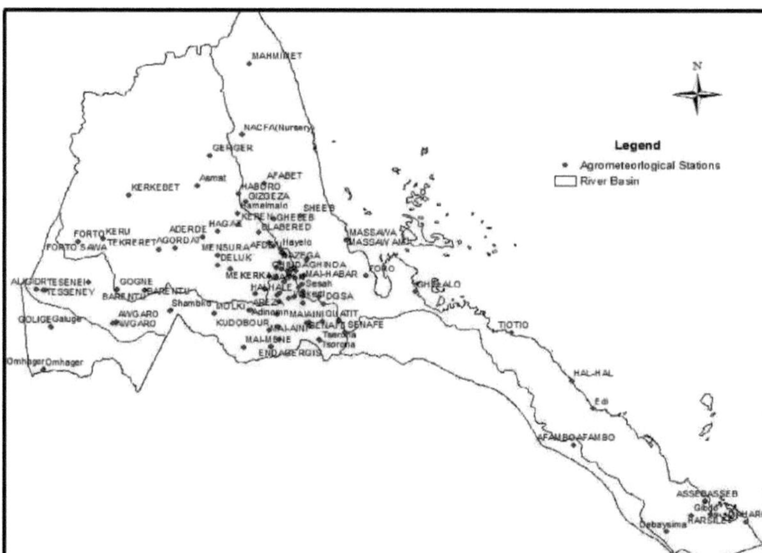

Fig. 2.3 Sítios agro-meteorológicos (*Fonte*: WRD, Eritreia)

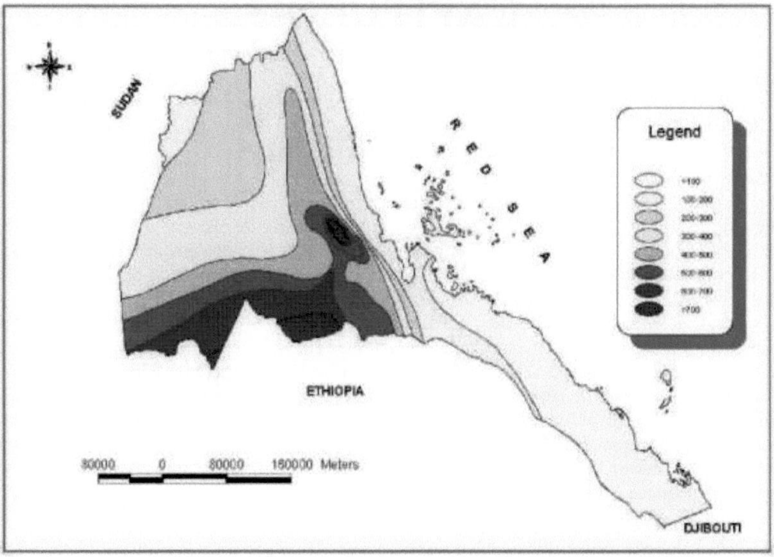

Fig. 2.4 Precipitação média anual em mm (*Fonte:* WRD, Eritreia)

CAPÍTULO-3

DESCRIÇÃO DA ÁREA DE ESTUDO E DADOS DISPONÍVEIS

3.1 Área de estudo

Tal como referido no capítulo 1, o estudo centra-se no inventário hidrológico da bacia hidrográfica do rio Mereb-Gash com base em dados históricos de curta duração disponíveis para um projeto-piloto selecionado no alto Mereb-Gash e nas suas caraterísticas geomorfológicas e fisiográficas.

3.1.1 Localização

O canal principal da bacia do rio Mereb-Gash, com a sua foz perto da cidade de Tessenei (Latitude 11°07'40" N e Longitude 36°40'54" E), tem 489 km de comprimento e uma área de bacia igual a 21 805 km^2. Tem uma elevação máxima de 3 260 m acima do nível do mar num local situado para além da fronteira internacional da Eritreia (na Etiópia) e a mínima em Tessenei é de 594 m acima do nível do mar. Os declives médios da bacia e do canal principal são de 11,9% e 0,18%, respetivamente.

O curso superior do Mereb-Gash em Ghergera está localizado a sul de Asmara e na parte oriental da bacia onde nasce o rio principal (Fig. 3.1). Especificamente, a saída em Ghergera situa-se a 15° 00'17 "N Latitude e 38° 55'22 "E Longitude adjacente à aldeia - Adi-Ghergera que se situa na sub-zona administrativa de Debarwa, Região Sul. Tem uma área de drenagem de cerca de 526 km^2. De acordo com Dawit (2008), existem três bacias hidrográficas no alto Mereb: Mereb em Debarwa, Gaul-Mereb e Mai- Ququat. O escoadouro de Debarwa, que fica a montante de Ghergera, está situado a 15° 05'49 "N de latitude e 38°50'11 "E de longitude na ponte da estrada Asmara - Debarwa, com uma área de drenagem de 195 km^2. As outras duas sub-bacias têm uma dimensão muito pequena e estão fora do âmbito deste estudo.

3.1.2 Clima e ocupação do solo

Apesar de não existirem dados hidrometeorológicos históricos suficientes, a partir da classificação agro-ecológica da Eritreia, tal como referido no capítulo 1, a bacia de Merb-Gash situa-se geralmente nas zonas húmidas das terras altas e nas zonas húmidas das terras baixas, com uma pequena parte na zona árida das terras baixas, o que faz com que a bacia tenha um clima altamente variável. A sua temperatura varia entre um mínimo de 0°C nas terras altas húmidas e um máximo de mais de 41°C em Tessenei. A área de estudo piloto situa-se na zona húmida das terras altas, recebendo uma precipitação média anual de 547 mm na área mineira, com base em registos de 100 anos de quantidades diárias de precipitação. O clima na bacia hidrográfica pode ser caracterizado como ameno ou fresco, sendo dezembro-janeiro os meses mais frios e março-abril os meses mais quentes. A precipitação máxima ocorre na estação do verão, especificamente nos meses de julho e agosto, com uma precipitação média de 185 mm e 175 mm, respetivamente. A região regista uma temperatura mínima de 0°C durante o mês de janeiro e uma temperatura máxima média de 32°C, com base nos dados registados na estação meteorológica de Asmara (Dawit, 2008).

O mapa geral de ocupação do solo é preparado descarregando um Enhanced Thematic Mapper Plus (ETM+) com imagens do tipo GeoTIFF produzidas pelo Serviço Geológico dos Estados Unidos (USGS), que é de acesso livre no sítio Web http://glcf.umiacs.umd.edu/index.shtm. As imagens têm uma resolução de 30 m, projeção: UTM Zone 37, Spheroid e Datum: WGS 84. As camadas 2, 3 e 4 (verde, vermelho e infravermelho próximo) são empilhadas para obter imagens com cores falsas e, em seguida, foram processadas com a ajuda do Sistema de Análise de Dados de Recursos Terrestres (ERDAS) para toda a bacia e a sub-bacia superior de Mereb-Gash é extraída como mostra a Fig. 3.2.

3.1.3 Índice Vegetativo de Diferença Normalizada (NDVI)

O Índice Vegetativo de Diferença Normalizada (NDVI) é um indicador numérico que utiliza as bandas do visível e do infravermelho próximo do espetro eletromagnético e é adotado para analisar medições de deteção remota e avaliar se o alvo observado contém ou não vegetação verde viva (Rouse et al, 1973). O NDVI tem tido uma ampla aplicação em estudos vegetativos, uma vez que tem sido utilizado para estimar o rendimento das culturas, o desempenho das pastagens e a capacidade de carga das pastagens, entre outros. Muitas vezes está diretamente relacionado com outros parâmetros do solo, como a percentagem de cobertura do solo, a atividade fotossintética da planta, a água superficial, o índice de área foliar e a quantidade de biomassa.

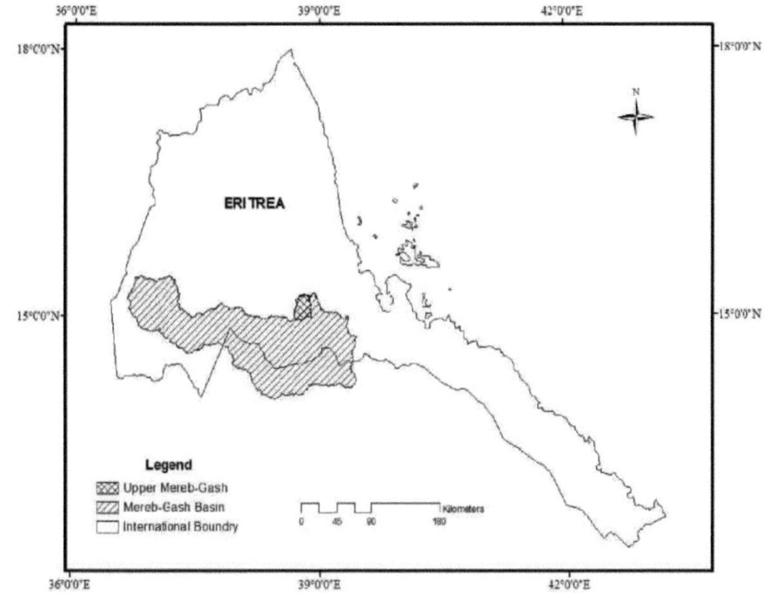

Fig. 3.1 Mapa de localização da área de estudo

Geralmente, a vegetação saudável absorve a maior parte da luz visível que incide sobre ela e reflecte uma grande parte da luz infravermelha próxima. A vegetação pouco saudável ou escassa reflecte mais luz visível e menos luz infravermelha próxima. Os solos nus, por outro lado, reflectem moderadamente tanto a parte vermelha como a infravermelha do espetro eletromagnético (Holme et al, 1987).

Foi feita uma tentativa de conhecer a cobertura vegetal da bacia utilizando o NDVI. A partir das imagens de satélite acima referidas, as cores falsas 2, 3 e 4 (verde, vermelho e infravermelho próximo) são utilizadas para obter o mapa NDVI com a ajuda dos softwares Earth Resources Data Analysis System (ERDAS) e ArcGIS. O NDVI é calculado da seguinte forma.

$$NDVI = \left(\frac{NIR - R_l}{NIR + R_l} \right) \tag{3.1}$$

em que *NIR* - Luz infravermelha próxima; e R_L - Luz vermelha.

Teoricamente, os valores NDVI são representados como um rácio que varia entre -1 e 1. Na prática, os valores negativos extremos representam água, os valores próximos de zero representam solo nu e os valores superiores a 0,6 representam vegetação verde densa. Depois de rever uma série de literaturas para a interpretação dos valores NDVI, os valores apresentados no Quadro 3.1 foram adoptados para produzir o mapa geral de ocupação do solo da bacia do Mereb-Gash (Fig. 3.3). A maioria dos pixels tem valores de NDVI inferiores a zero, o que se presume representar uma terra estéril, devido ao facto de as imagens de satélite terem sido obtidas durante a estação seca (a maioria delas nos meses de outubro, novembro e abril) e à ausência de grandes massas de água na área.

O mapa NDVI é obtido após a aplicação de uma filtragem convolucional sumária 5 x 5 e de outros melhoramentos de imagem necessários às imagens com cores falsas. O mapa NDVI para cada imagem melhorada é preparado e, em seguida, os cinco mapas NDVI são combinados em mosaico, a partir do qual é extraída a área de interesse.

3.1.4 Geomorfologia

A geomorfologia, que se refere às propriedades topográficas e geométricas das redes de canais, é importante porque pode ser utilizada para sintetizar e compreender os comportamentos hidrológicos das bacias hidrográficas. A visualização e a análise de dados orientados espacialmente são os principais pontos fortes de um Sistema de Informação Geográfica (SIG). Assim, as caraterísticas da bacia hidrográfica do Mereb-Gash, a rede de cursos de água e os mapas de declive apresentados na Fig. 3.4 e na Fig. 3.5 foram preparados através do processamento dos dados do Modelo Digital de Elevação (DEM) da Missão Topográfica de Radar do Vaivém (SRTM) com 90 m de resolução, produzidos pela NASA, utilizando o ArcGIS. Os mosaicos de 5° x 5° estão disponíveis gratuitamente na Internet http://srtm.csi.cgiar.org/. Alguns dos parâmetros fisiográficos importantes da bacia hidrográfica do rio Mereb-Gash em diferentes pontos de descarga, excluindo a área de estudo piloto (Fig. 3.6), utilizados para efeitos de análise, são apresentados no Quadro 3.2. A maioria dos pontos de descarga selecionados tem estações de medição de caudal existentes e os restantes foram selecionados arbitrariamente.

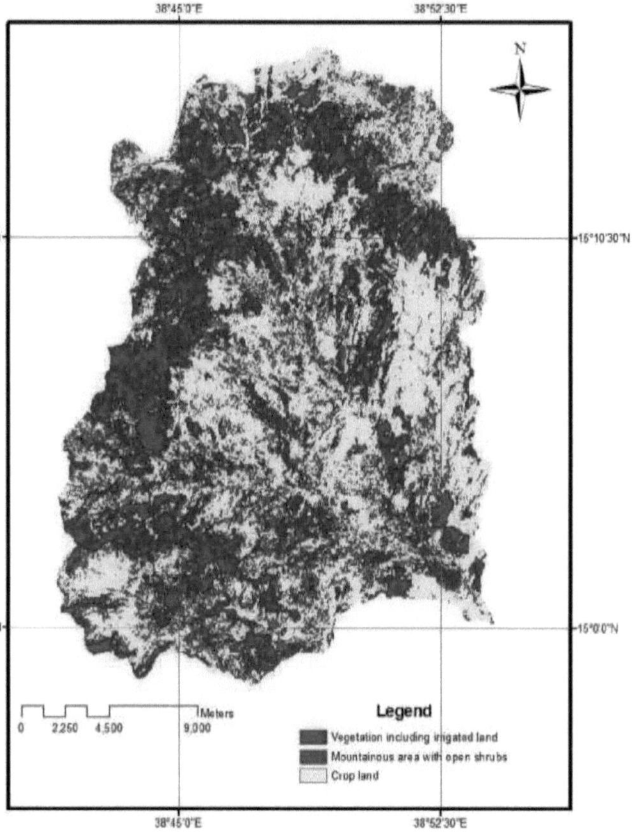

Fig. 3.2 Classes não supervisionadas da sub-bacia superior do Mereb-Gash

Quadro 3.1 Cobertura do solo com base nos valores NDVI

S. Não	Cobertura do solo	NDVI	Contagem de pixels	% de cobertura
1	Terras de cultura e terras estéreis	-0.32834 - - 0.042413	7070740	79.6
2	Zona montanhosa com arbustos abertos	-0.042413- 0.1	1652612	18.6

3	Vegetação densa	0.1 - 0.597503	157425	1.8

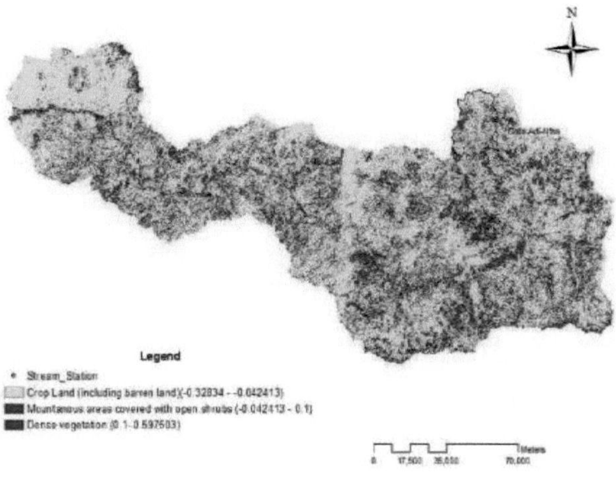

Fig. 3.3 Mapa NDVI da bacia de Mereb-Gash

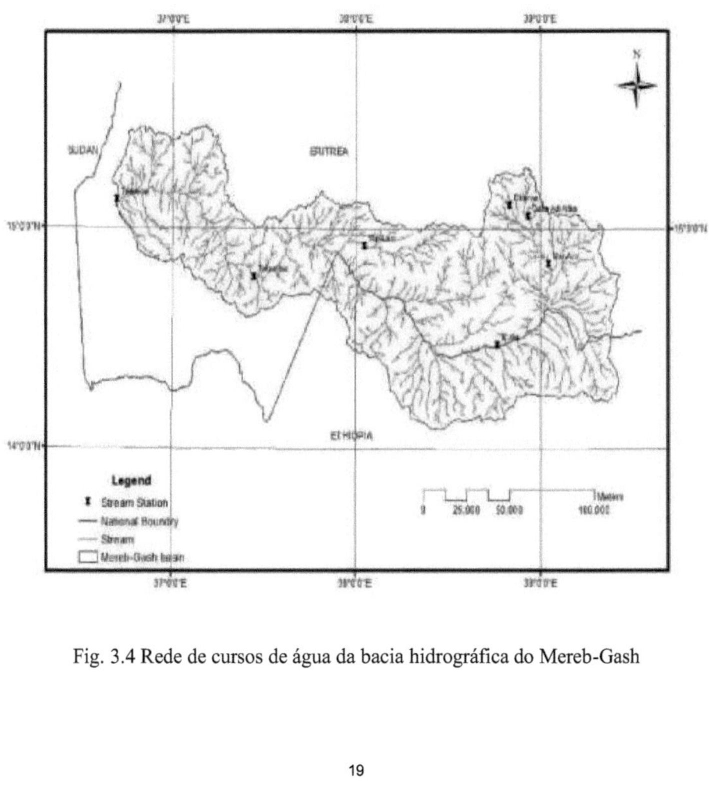

Fig. 3.4 Rede de cursos de água da bacia hidrográfica do Mereb-Gash

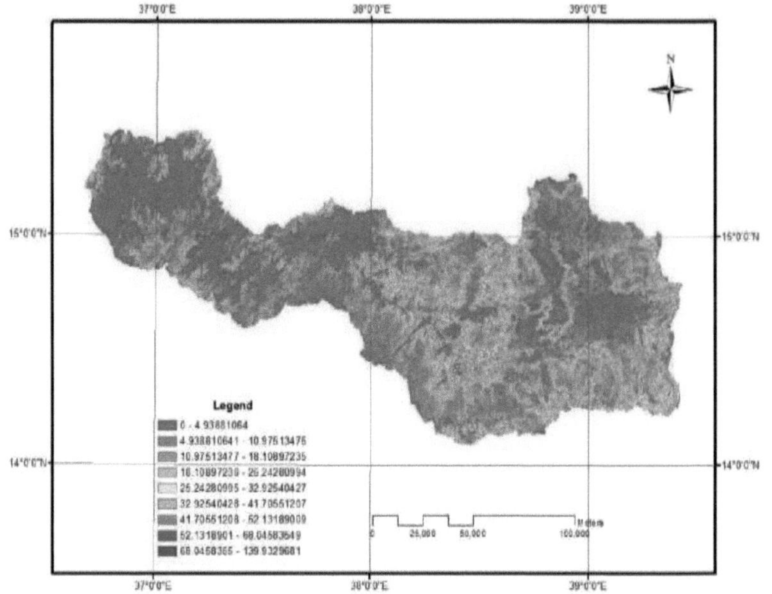

Fig. 3.5 Mapa de declives da bacia hidrográfica do rio Mereb-Gash

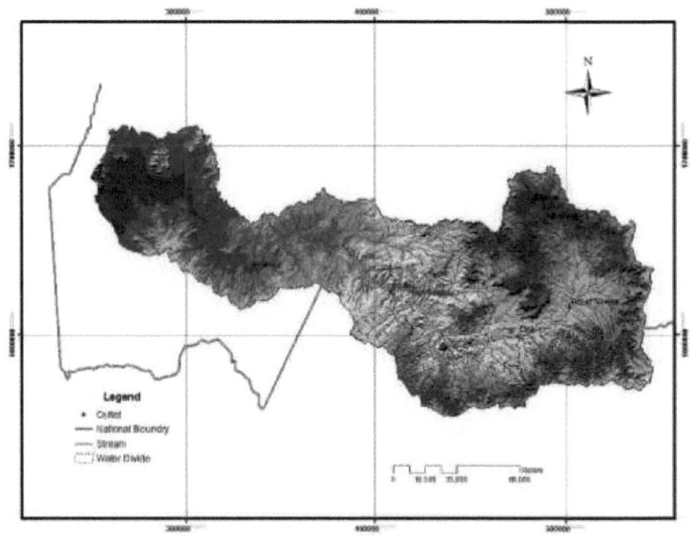

Fig. 3.6 Mapa em relevo pintado mostrando os pontos de venda selecionados para análise

Quadro 3.2 Parâmetros fisiográficos da bacia de Mereb-Gash em saídas selecionadas

Parâmetro fisiográfico	*Tsorona	Adi-Chigono	Tokombia	Tessenei	**Ethio1	**Ethio2
A - Área (km2)	4,652.76	11,553.58	16,873.45	21,805.24	319.48	515.71
L - canal	107.42	229.70	360.13	489.34	43.30	49.05
comprimento (m) t l † L_{ca} (km)	27.329	94.88	167.89	260.63	26.01	27.34
S - declive (%)	12.60	14.60	13.20	11.90	15.70	9.40
Latitude	14°36'34"	14°40'20"	14°46'37"	11°07'40"	14°48'44"	14°28'22"
Longitude	39°01'08"	38°15'54"	37°27'51"	36°40'54"	38°09'04"	38°48'19"

*A cerca de 25 km a jusante da cidade de Tsorona,
** Ethio1 e Ethio2 são pontos de escoamento no Mereb-Gash, que representam as sub-bacias situadas para além da zona internacional
fronteira da Eritreia (na Etiópia).
distância ao longo do curso de água principal desde a estação de medição até um ponto oposto ao centróide (km).

3.1.5 Delineação

Uma bacia hidrográfica é a área a montante que contribui com o caudal para um determinado local. A delimitação da bacia hidrográfica é o primeiro passo na realização de estudos hidrológicos. Por conseguinte, a bacia hidrográfica de Ghergera é delineada utilizando o ArcGIS a partir de um DEM de 50 m de resolução obtido do WRD. Por outro lado, os dados SRTM (DEM com 90 m de resolução) são utilizados para delinear a bacia hidrográfica de Mereb-Gash, uma vez que os primeiros só estão disponíveis para a parte a montante da bacia. Aplicando um valor limite de con (> 1000, 1) aos resultados da função de acumulação de caudal de ambos os DEM, foi delineada uma rede de cursos de água. A determinação de um valor limite que represente o início de um curso de água permanente ou de um canal de curso de água é afetada não só pela área contribuinte mas também pelo clima, declive e caraterísticas do solo. O valor acima referido é selecionado arbitrariamente e é adotado porque a rede de cursos de água obtida é bastante satisfatória. A função de ordem dos cursos de água utilizada para produzir as Fig. 3.4 e Fig. 3.7 é o método proposto por Strahler (1957). Com base na área delimitada e na sua rede fluvial, os parâmetros geomorfológicos da bacia hidrográfica superior do rio Mereb-Gash são obtidos e estão tabelados no Quadro 3.3.

3.2 Disponibilidade de dados

A quantidade, a intensidade e a distribuição da precipitação em termos de área são essenciais em muitos estudos hidrológicos. Por outro lado, o caudal dos cursos de água é necessário para a gestão e regulação quotidianas eficientes de um sistema fluvial. A conceção, o planeamento e a modelação hidrológica são alguns dos aspectos importantes dos projectos de recursos hídricos em que os dados de caudal são utilizados. Especificamente, são necessários para o dimensionamento de reservatórios, a determinação do risco de falha/fiabilidade do abastecimento de água para sistemas de irrigação e hidroeléctricos, o planeamento do funcionamento futuro de reservatórios e a expansão da capacidade dos sistemas de abastecimento de água. Os dados de precipitação e de caudal de vapor recolhidos no terreno não podem ser utilizados em estudos hidrológicos. No entanto, o processamento dos dados brutos é extremamente essencial para os reduzir de forma a adequá-los à análise, tal como é discutido nas secções seguintes.

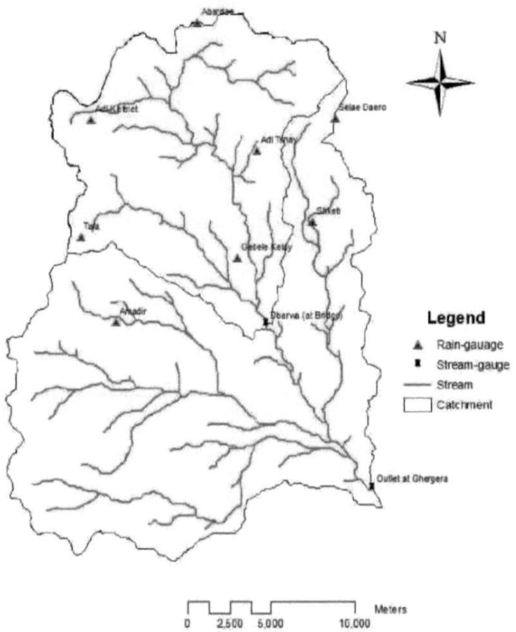

Fig. 3.7 Rede de cursos de água da sub-bacia superior do Mereb-Gash

Quadro 3.3 Parâmetros geomorfológicos da sub-bacia superior do Mereb-Gash

Símbolo	Descrição	Unidade	Sub-bacia	
			Debarwa	Ghergera
A	Área de drenagem	km^2	194.646	525.726
P	Perímetro da bacia hidrográfica	km	71.943	118.396
L	Comprimento do canal principal	km	29.597	42.91
Lca	Distância ao longo da água principal da estação de medição para um oposto ao centróide da sub-bacia	km	15.191	18.821

$\overline{S}_{cl}$				
S	Declive médio da sub-bacia	%	12.5	11.6
	Declive médio do canal do ribeiro	%	2.01	1.63
$\overline{S}_{ot}$	Declive médio do terreno	%	10.80	8.57
hmin	Elevação mínima acima do msl	m	1857.00	1714.00
hmax	Elevação máxima acima do msl	m	2585.00	2585.00
RH	Relevo da sub-bacia	m	728.41	870.71
Lw	Comprimento total dos cursos de água da bacia	km	94.926	264.915
Dd	Densidade de drenagem	km/km^2	0.4877	0.5039
Cm	Manutenção constante do canal	km^2/km	2.0505	1.9845
Rh	Rácio de alívio	-	0.0416	0.0322
$\overline{L}_o$	Comprimento do escoamento superficial	km	1.0253	0.9923
Rs	Rácio de inclinação	-	1.7977	1.3285
Re	Rácio de alongamento	-	0.4498	0.4793
Rsh	Fator de forma	-	3.6434	3.2415
Rf	Fator de forma	-	0.6356	0.7212

3.2.1 *Precipitação*

Embora os registos anuais de precipitação no local de monitorização da área de Debarwa revelem que o registo de dados foi iniciado em 1927, a falta de dados de 1935 a 1942 e de 1947 a 1991 torna as séries temporais inconsistentes. Apesar da presença de uma rede de pluviómetros bastante boa na bacia hidrográfica desde 2004 (Tabela 3.4), os dados de precipitação horária e diária só estão disponíveis para os anos de 2004, 2005 e 2006. Também estão disponíveis dados mensais cumulativos de precipitação para o período de 1992 a 2007. Não é claro se o WRD mantém ou não uma rede de estações de monitorização das águas subterrâneas e da qualidade na bacia hidrográfica.

Tabela 3.4 Estações pluviométricas na sub-bacia superior do Mereb-Gash

S.N.	Estação	Latitude	Longitude	Elevação (m)	Data de instalação
1	Abardae	15°15'21"	38°47'54"	2219	14 de julho de 2005
2	Adi-Kefelet	15°12'21"	38°44'23"	2265	24 de junho de 2004
4	Adi-Tsnay	15°11'23"	38°49'54"	2098	22 de junho de 2004
3	Amadir	15°05'58"	38°45'11"	2040	Não especificado, mas o registo começou em 30 de junho de 2004
8	Gebele Kelay	15°08'01"	38°49'13"	1991	18 de junho de 2004
6	Selae Daero	15°12'22"	38°52'31"	2292	14 de julho de 2005
5	Shketi	15°09'07"	38°51'46"	2046	24 de junho de 2004
7	Tala	15°08'39"	38°44'00"	2292	Não especificado, mas o registo teve início em 2 de julho de 2004

3.2.2 *Fluxo de corrente*

Como já foi referido, a sub-bacia de Ghergera tem duas estações de medição de caudais em Ghergera e Debarwa. Não estão disponíveis dados de precipitação ou de caudal para as outras estações ao longo da bacia do Mereb-Gash, que são consideradas como não medidas. Os dados de caudal médio diário em Debarwa estão disponíveis desde 1997/1998 até 2007/2008, com exceção de 2004/2005 e 2005/2006, pelo que são considerados como dados em falta. A maioria dos caudais neste rio ocorreu durante a estação húmida, nos meses de julho a setembro. Os níveis de estágio também estão disponíveis para ambas as estações apenas para 2006 e 2007.

CAPÍTULO-4

PROCESSAMENTO E ANÁLISE DE DADOS

4.1 Precipitação

A precipitação é medida num certo número de pontos de amostragem. As quantidades registadas nestes pontos são utilizadas para formar uma estimativa da precipitação média da área. No entanto, é necessário ter cuidado ao utilizar estes registos de precipitação. Por vezes, estes registos não são consistentes; outras vezes, os registos de uma estação podem não estar completos. As incoerências nos registos de precipitação podem surgir devido ao facto de os registos de diferentes estações de medição abrangerem diferentes períodos de tempo, à alteração da localização das estações, à alteração dos procedimentos de observação e à alteração da exposição do instrumento. Para obter homogeneidade entre e dentro das medições de precipitação, torna-se indispensável o ajustamento dos dados. Isto é feito para tornar o registo homogéneo e para reduzir os erros através da correção da mudança de localização ou exposição. A deteção da heterogeneidade nos registos de precipitação pode ser identificada por métodos gráficos - análise da curva de massa dupla (Buishand, 1982) ou métodos estatísticos. Singh (1989) discutiu ambos os métodos em pormenor. Como os dados disponíveis para a área de estudo são de um período curto, não se efectuaram verificações de consistência neste trabalho.

4.1.1 Precipitação média areal

A distribuição espacial da precipitação numa bacia hidrográfica e o escoamento resultante são afectados por muitos factores. A este respeito, a determinação da quantidade média de precipitação que cai numa bacia hidrográfica durante uma dada tempestade é um requisito fundamental para muitos estudos hidrológicos. Foram desenvolvidas várias técnicas para estimar a precipitação média areolar. Algumas destas técnicas são simples, bem testadas e antigas, tão antigas como a hidrologia moderna (Horton, 1923), mas tendem a ser utilizadas sem uma apreciação suficiente das suas limitações. Uma excelente comparação dos vários métodos existentes foi efectuada por Singh e Birsoy (1975). Estes autores concluíram que não existe uma base específica para afirmar que um método é superior ao outro, embora numa dada situação um método possa ser preferível a outro.

O polígono de Thiessen é o método mais frequentemente utilizado (Williams e Haghoe, 1982). A vantagem deste método é que não só se dá peso a várias estações numa base racional, como também se pode utilizar eficazmente a influência de estações fora da área. No entanto, várias literaturas indicam que este método dá bons resultados quando existe uma boa rede de pluviómetros. A Organização Meteorológica Mundial (OMM) recomenda uma densidade de uma estação por 100 a 250 km^2 nas regiões montanhosas das zonas temperadas, mediterrânicas e tropicais. A zona de estudo-piloto, com uma área de drenagem inferior a 550 km^2, tem uma densidade de estações bastante boa, com seis a oito. Com base nos factos precedentes, o método do polígono de Thiessen é adotado para determinar a precipitação média da área de estudo.

A rede de pluviómetros em 2004 era diferente da dos anos seguintes, tanto para as bacias a montante como a jusante. Por conseguinte, são preparados polígonos de Thiessen separados, juntamente com as suas precipitações ponderadas, para ambas as bacias hidrográficas no que respeita à rede em 2004 (Fig. 4.1) e em 2005, como indicado no Quadro 4.1. Estas figuras são produzidas utilizando a ferramenta Spatial Analyst no ArcGIS.

Para um número n de estações, a precipitação média numa bacia hidrográfica é dada por

$$\overline{P} = \frac{\sum_{i=1}^{n} P_i A_i}{A} \qquad (4.1)$$

onde $\overline{P}$ - precipitação média sobre uma bacia hidrográfica; p - magnitudes de precipitação registadas por estações individuais; A_i - áreas respectivas dos polígonos de Thiessen e A - área da bacia hidrográfica. Depois de preparar as séries temporais de precipitação diária, foram calculadas as precipitações ponderadas para ambas as bacias hidrográficas quando todas as estações receberam precipitação. Os dados são apresentados na Tabela 4.2 e na Tabela 4.3.

Quadro 4.1(a) Ponderações do polígono de Thiessen do alto Mereb-Gash em 2004

S.N.	Nome da estação	Subzona de Debarwa (km^2)	Subzona de Ghergera (km^2)	Ponderação para Debarwa	Ponderação para Ghergera

1	Adi Kefelet	48.907	48.650	0.251	0.092
2	Adi Tsnay	74.880	85.014	0.385	0.162
3	Amadir	1.390	189.352	0.007	0.360
4	Gebele	44.290	114.692	0.228	0.218
5	Shketi	3.487	57.774	0.018	0.110
6	Tala	21.692	30.244	0.111	0.058
	Total	194.646	525.726		

Quadro 4.1(b) Ponderações do polígono de Thiessen do alto Mereb-Gash 2005 depois

S.N.	Nome da estação	Subzona de Debarwa (km^2)	Subzona para Ghergera (km^2)	Ponderação para Debarwa	Ponderação para Ghergera
1	Abardae	28.511	28.640	0.146	0.054
2	Adi Kefelet	39.534	39.023	0.203	0.074
3	Adi Tsnay	42.570	45.735	0.219	0.087
4	Amadir	1.390	188.660	0.007	0.359
5	Gebele Kelay	44.292	116.632	0.228	0.222
6	Selae Daero	13.168	21.673	0.068	0.041
7	Shketi	3.487	54.341	0.018	0.103
8	Tala	21.693	31.022	0.111	0.059
	Total	194.646	525.726		

Quadro 4.2(a) Precipitação média ponderada para a bacia hidrográfica de Debarwa em 2004

Data	Estação pluviométrica com a respectiva ponderação						Ponderado
	Adi Kefelet **0,251**	Amadir **0.007**	Adi Tsnay **0.385**	Gebele Kelay **0,228**	Shketi **0.018**	Tala **0.111**	Precipitação (mm)
4-7-04	13.50	20.00	38.50	22.00	39.20	9.00	
	3.39	*0.14*	*14.82*	*5.02*	*0.71*	*1.00*	25.07
22-7-04	10.00	3.30	5.20	24.00	8.20	2.30	
	2.51	*0.02*	*2.00*	*5.47*	*0.15*	*0.26*	10.41
6-8-04	37.00	3.90	16.20	28.00	7.00	21.60	
	9.29	*0.03*	*6.24*	*6.38*	*0.13*	*2.40*	24.46
13-8-04	25.80	1.50	91.00	36.20	25.00	5.00	
	6.48	*0.01*	*35.04*	*8.25*	*0.45*	*0.56*	50.78
14-8-04	3.10	4.90	44.50	14.30	18.50	10.00	
	0.78	*0.03*	*17.13*	*3.26*	*0.33*	*1.11*	22.65
16-8-04	8.70	2.60	23.70	17.20	23.00	24.00	
	2.18	*0.02*	*9.12*	*3.92*	*0.41*	*2.66*	18.33

Os valores em itálico são a precipitação ponderada em mm para as estações individuais.

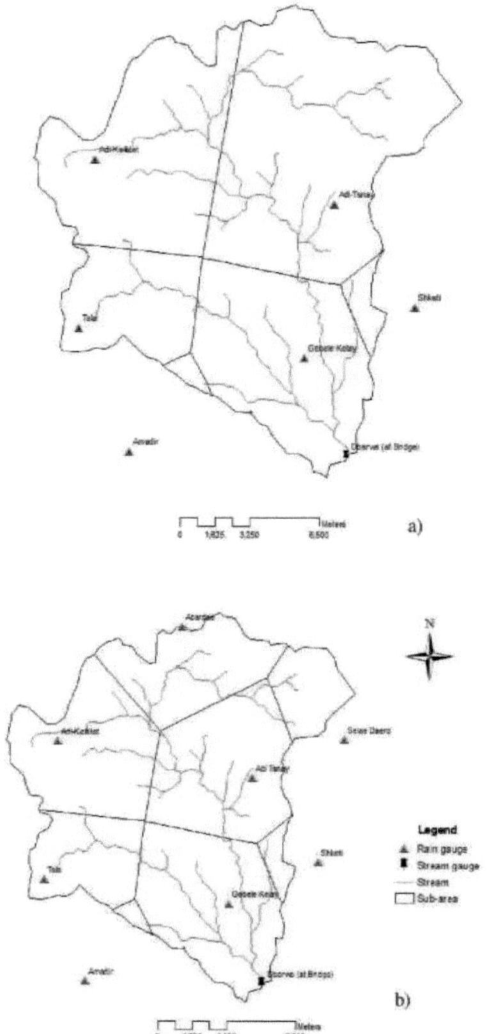

Fig. 4.1 Polígono de Thiessen para a bacia hidrográfica de Debarwa (a) em 2004 (b) 2005 depois

Quadro 4.2(b) Precipitação média ponderada para a bacia hidrográfica de Debarwa em 2005

Data	Estação pluviométrica com a respectiva ponderação								Peso RF (mm)
	Abarda e	Adi Kefele t	Amadi r	Adi Tsna y	Gebel e Kelay	Selae Daer o	Shket i	Tala	
	0.146	**0.203**	**0.007**	**0.219**	**0.228**	**0.068**	**0.018**	**0.111**	
21-7-05	7.80	2.40	22.30	3.10	20.00	5.20	3.90	5.40	

Data									Peso RF (mm)
	1.14	*0.49*	*0.16*	*0.68*	*4.56*	*0.35*	*0.07*	*0.60*	8.04
22-7-05	9.80 *1.43*	14.70 *2.98*	4.30 *0.03*	17.30 *3.79*	32.40 *7.39*	30.60 *2.08*	22.00 *0.40*	7.00 *0.78*	18.87
25-7-05	11.70 *1.71*	2.50 *0.51*	14.80 *0.10*	39.10 *8.56*	16.00 *3.65*	22.30 *1.52*	3.00 *0.05*	3.00 *0.33*	16.43
29-7-05	21.00 *3.07*	5.50 *1.12*	20.50 *0.14*	3.10 *0.68*	12.30 *2.80*	8.80 *0.60*	2.20 *0.04*	2.00 *0.22*	8.67
4-8-05	25.50 *3.72*	4.50 *0.91*	4.10 *0.03*	12.90 *2.83*	7.30 *1.66*	2.50 *0.17*	4.90 *0.09*	5.00 *0.56*	9.97
7-8-05	11.00 *1.61*	5.50 *1.12*	9.00 *0.06*	38.50 *8.43*	23.00 *5.24*	29.00 *1.97*	22.90 *0.41*	20.00 *2.22*	21.07
8-8-05	13.00 *1.90*	8.00 *1.62*	1.70 *0.01*	6.30 *1.38*	8.80 *2.01*	32.70 *2.22*	6.20 *0.11*	10.00 *1.11*	10.37
27-8-05	2.80 *0.41*	27.40 *5.56*	6.90 *0.05*	3.50 *0.77*	7.10 *1.62*	13.40 *0.91*	3.50 *0.06*	11.00 *1.22*	10.60
28-8-05	12.00 *1.75*	39.50 *8.02*	13.60 *0.10*	42.10 *9.22*	20.40 *4.65*	45.50 *3.09*	3.10 *0.06*	13.00 *1.44*	28.33

Os valores em itálico são a precipitação ponderada em mm para as estações individuais.
Peso. RF - Precipitação ponderada.

Quadro 4.2(c) Precipitação média ponderada para a bacia hidrográfica de Debarwa em 2006

Data	Estação pluviométrica com a respectiva ponderação								
	Abardae	Adi Kefelet	Amadir	Adi Tsnay	Gebele Kelay	Selae Daero	Shketi	Tala	Peso RF (mm)
	0.146	**0.203**	**0.007**	**0.219**	**0.228**	**0.068**	**0.018**	**0.111**	
5-7-06	26.90 *3.93*	16.00 *3.25*	3.10 *0.02*	7.00 *1.53*	14.00 *3.19*	7.20 *0.49*	5.50 *0.10*	15.00 *1.67*	14.18
11-8-06	8.50 *1.24*	10.50 *2.13*	14.00 *0.10*	36.00 *7.88*	11.30 *2.58*	9.80 *0.67*	9.90 *0.18*	10.00 *1.11*	15.89
12-8-06	25.50 *3.72*	9.50 *1.93*	13.40 *0.09*	28.20 *6.18*	26.00 *5.93*	55.50 *3.77*	10.70 *0.19*	6.00 *0.67*	22.48

Os valores em itálico são a precipitação ponderada em mm para as estações individuais.
Peso. RF - Precipitação ponderada.

Quadro 4.3(a) Precipitação média ponderada para a bacia hidrográfica de Ghergera em 2004

Data Estação pluviométrica com a respectiva ponderação

	Ab ar	Adi Kefelet	Ama dir	Adi Tsnay	Gebele Kelay	Selae Daero	Shk eti	Tala	Peso RF (m
		0.092	**0.360**	**0.162**	**0.218**		**0.11**	**0.058**	
4-7-04		13.50	20.00	38.50	22.00		39.2	9.00	24.
		1.24	*7.20*	*6.24*	*4.80*		*4.31*	*0.52*	
22-7-04		10.00	3.30	5.20	24.00		8.20	2.30	9.2
		0.92	*1.19*	*0.84*	*5.23*		*0.90*	*0.13*	
6-8-04		37.00	3.90	16.20	28.00		7.00	21.60	15.
		3.40	*1.40*	*2.62*	*6.10*		*0.77*	*1.25*	
13-8-04		25.80	1.50	91.00	36.20		25.0	5.00	28.
		2.37	*0.54*	*14.74*	*7.89*		*2.75*	*0.29*	
14-8-04		3.10	4.90	44.50	14.30		18.5	10.00	14.
		0.29	*1.76*	*7.21*	*3.12*		*2.04*	*0.58*	
16-8-04		8.70	2.60	23.70	17.20		23.0	24.00	13.
		0.80	*0.94*	*3.84*	*3.75*		*2.53*	*1.39*	

Os valores em itálico são a precipitação ponderada em mm para estações individuais, Wt. RF - Precipitação ponderada

Quadro 4.3(b) Precipitação média ponderada para a bacia hidrográfica de Ghergera em 2005 e 2006

	Estação pluviométrica com a respectiva ponderação								
Data	Abardae	Adi Kefelet	Amadir	Adi Tsnay	Gebele Kelay	Selae Daero	Shketi	Tala	RF(mm)
	0.054	**0.074**	**0.359**	**0.087**	***0.222***	**0.041**	**0.103**	**0.059**	
21-7-05	7.80	2.40	22.30	3.10	20.00	5.20	3.90	5.40	
	0.42	*0.18*	*8.01*	*0.27*	*4.44*	*0.21*	*0.40*	*0.32*	14.25
22-7-05	9.80	14.70	4.30	17.30	32.40	30.60	22.00	7.00	
	0.53	*1.09*	*1.54*	*1.51*	*7.19*	*1.25*	*2.27*	*0.41*	15.79
25-7-05	11.70	2.50	14.80	39.10	16.00	22.30	3.00	3.00	
	0.63	*0.19*	*5.31*	*3.40*	*3.55*	*0.91*	*0.31*	*0.18*	14.48
29-7-05	21.00	5.50	20.50	3.10	12.30	8.80	2.20	2.00	
	1.13	*0.41*	*7.36*	*0.27*	*2.73*	*0.36*	*0.23*	*0.12*	12.61
04-8-05	25.50	4.50	4.10	12.90	7.30	2.50	4.90	5.00	
	1.38	*0.33*	*1.47*	*1.12*	*1.62*	*0.10*	*0.50*	*0.30*	6.83

7-8-05	11.00	5.50	9.00	38.50	23.00	29.00	22.90	20.00	
	0.59	*0.41*	*3.23*	*3.35*	*5.11*	*1.19*	*2.36*	*1.18*	17.42
8-8-05	13.00	8.00	1.70	6.30	8.80	32.70	6.20	10.00	
	0.70	*0.59*	*0.61*	*0.55*	*1.95*	*1.34*	*0.64*	*0.59*	6.98
27-8-05	2.80	27.40	6.90	3.50	7.10	13.40	3.50	11.00	
	0.15	*2.03*	*2.48*	*0.30*	*1.58*	*0.55*	*0.36*	*0.65*	8.10
28-08-05	12.00	39.50	13.60	42.10	20.40	45.50	3.10	13.00	
	0.65	*2.92*	*4.88*	*3.66*	*4.53*	*1.87*	*0.32*	*0.77*	19.60
5-7-06	26.90	16.00	3.10	7.00	14.00	7.20	5.50	15.00	
	1.45	*1.18*	*1.11*	*0.61*	*3.11*	*0.30*	*0.57*	*0.89*	9.21
11-8-06	8.50	10.50	14.00	36.00	11.30	9.80	9.90	10.00	
	0.46	*0.78*	*5.03*	*3.13*	*2.51*	*0.40*	*1.02*	*0.59*	13.91
12-8-06	25.50	9.50	13.40	28.20	26.00	55.50	10.70	6.00	
	1.38	*0.70*	*4.81*	*2.45*	*5.77*	*2.28*	*1.10*	*0.35*	18.85

4.1.2 Estimativa da precipitação em falta

Muitos registos hidrológicos apresentam interrupções que os tornam incompletos, variando de um dia a vários meses ou anos. Algumas das razões para a descontinuidade do registo são danos ou falhas num pluviómetro durante um período. Muitas vezes é necessário estimar os dados em falta para utilizar registos parciais, especialmente em áreas com poucos dados. Entre os vários métodos que podem ser utilizados para estimar os dados em falta (Clarke, 1981), o método da potência da distância é aqui utilizado devido ao facto de ter sido considerado o mais exato de todos (Dean e Snyder, 1977). Neste método, a precipitação numa estação é estimada como uma média ponderada da precipitação observada nas estações vizinhas e é dada por

$$R = \frac{\sum_{i=1}^{n} R_i / D_i^2}{\sum_{i=1}^{n} 1 / D_i^2} \qquad (4.2)$$

onde *R* - precipitação estimada numa estação; *Ri* - precipitação nas estações vizinhas; *Di* - distância da estação estimadora à estação estimada.

Por conseguinte, os dados de precipitação em falta para a estação de Gebele Kelay nos meses de agosto e setembro de 2005 são preenchidos utilizando a equação (4.2). Um exemplo de cálculo é apresentado no Quadro 4.4, enquanto o quadro completo dos dados em falta preenchidos é apresentado no Apêndice A.

Quadro 4.4 Cálculo da amostra para preencher os dados em falta em 1 de agosto de 2005

Estação	Distância de Gebele Kelay, *Di* (km^2)	Precipitação R_i (mm)	Di^2	$1/D_i^2$	Precipitação ponderada *Ri / D^*
Abardae	13.751	0.00	189.0900	0.005288	0.000000
A.Kefelet	11.835	0.00	140.0672	0.007139	0.000000
A.Tsnay	6.400	3.60	40.9600	0.024414	0.087891

Amadir	8.189	0.00	67.05972	0.014912	0.000000
S. Daero	10.034	0.00	100.6812	0.009932	0.000000
Shketi	5.036	1.00	25.3613	0.03943	0.039430
Tala	9.460	0.00	89.4916	0.011174	0.000000
		Total		0.112291	0.127321

A precipitação na estação Gebele Kelay em 01/08/2005 é estimada em: 0.127321/0.112291=1.10mm

4.1.3 Excesso de precipitação

A intensidade da precipitação é o rácio da profundidade da precipitação com o tempo. Quando um gráfico da intensidade da precipitação em função do tempo é apresentado sob a forma de um gráfico de barras, esse gráfico é conhecido como hietógrafo. O hietograma é muito útil para estudos de inundações e para o cálculo de índices de perda de precipitação. Esta é a parte mais importante da análise de dados e é discutida aqui. O início e o fim da precipitação são indicados nos dados históricos de precipitação. Neste trabalho, é escolhido arbitrariamente um intervalo de tempo de uma hora para a análise hietográfica. Se a duração da precipitação for superior a uma hora, assume-se que a profundidade da precipitação tem uma distribuição uniforme e a quantidade é dividida igualmente pelo número de horas. A quantidade de precipitação numa determinada hora é multiplicada pelo coeficiente de Thiessen de uma determinada estação. A soma de todas as profundidades de precipitação de todas as estações na mesma hora dividida pelo passo de tempo (uma hora neste caso) dá a intensidade da precipitação. O mesmo procedimento é seguido para toda a duração para obter a intensidade média da precipitação de um determinado evento de tempestade. Para eventos de tempestade selecionados, o cálculo da intensidade média da precipitação é apresentado na Tabela 4.5 para ambas as bacias hidrográficas.

Outra parte da análise da precipitação é a determinação das abstracções totais devidas à infiltração, evaporação, interceção, etc. Neste caso, é adotado o método do índice 0. A profundidade do escoamento superficial direto é calculada a partir dos dados observados. A linha que dá a mesma profundidade de precipitação no hietógrafo de precipitação é traçada por tentativa e erro. No entanto, a quantidade de precipitação que excede o índice, que é o excesso de precipitação, é determinada para cada evento de tempestade.

4.2 Caudal da corrente

O objetivo de uma estação de medição de caudal é obter o conhecimento da descarga de um canal aberto natural ou artificial. O registo regular de descargas a intervalos curtos, de preferência diários, durante um período de tempo, é essencial para a avaliação correta dos recursos hídricos naturais das bacias hidrográficas e para o subsequente planeamento e utilização. No entanto, as observações diárias das descargas durante longos períodos são por vezes inviáveis, impraticáveis durante as cheias ou demasiado dispendiosas e trabalhosas, ao passo que as fases podem ser facilmente registadas várias vezes por dia durante as cheias. Por conseguinte, a relação fase-descarga (H-Q) ou a curva de classificação numa secção transversal de um rio é uma técnica fundamental em hidrologia utilizada para calcular a descarga utilizando os dados dos registos do nível de água. A curva de classificação é uma ferramenta muito importante na hidrologia de águas superficiais porque a fiabilidade dos valores dos dados de descarga depende muito de uma relação H-Q satisfatória na estação de medição.

4.2.1 Relação fase-descarga

Quando os valores de caudal medidos são representados em relação aos estádios correspondentes, obtém-se uma relação que representa o efeito integrado de uma vasta gama de parâmetros do canal e do caudal. A relação H-Q numa determinada secção transversal de um rio, mesmo em condições de observação meticulosa, não é necessariamente única, uma vez que os rios são frequentemente influenciados por factores nem sempre compreendidos nem fáceis de quantificar. Esta variabilidade natural da relação H-Q é frequentemente agravada por erros consideráveis de origem humana. O procedimento para a construção de uma curva de classificação está claramente descrito na Norma Indiana (IS: 2914, 1964). Este código categoriza os canais abertos em erodíveis e inerodíveis que requerem diferentes métodos de desenvolvimento de curvas de classificação. Presume-se que as estações de medição de caudais na área de estudo se enquadram na primeira categoria e possuem simultaneamente controlos permanentes, embora seja necessário verificar a presença de controlos móveis no futuro. A relação dada pela equação (4.3) pode ser expressa graficamente através da representação gráfica do nível observado em função dos valores correspondentes de caudal em gráfico aritmético ou logarítmico. Para os canais abertos que apresentam um controlo permanente, a relação H-Q é expressa sob a forma de

$$Q = a(H - H_o)^b \qquad (4.3)$$

em que Q - caudal (m^3/s); H - altura manométrica (m); H_o - constante que representa a leitura manométrica correspondente a um caudal nulo; aeb - constantes da curva de caudal.

Quadro 4.5(a) Cálculo do excesso de precipitação para tempestades na bacia hidrográfica de Debarwa

		Estação e respectiva ponderação								Média			Excesso
Data	Tempo	Abardae	Adi Kefelet	Amadii	Adi Tsnay	Gebele Kelay	Selae Daero	Shketi	Tala	profundidade	Intensidade	φ-índice	pluviosidade
	(hr)	**0.146**	**0.203**	**0.007**	**0.219**	**0.228**	**0.068**	**0.018**	**0.111**	(mm)	(mm/hr)	(mm/hr)	(mm/hr)
	13	0	0	0	0	0	0	0	0	0	0	3.706	-
	14	0.96	1.12	0	1.58	0	0	0	0.33	3.99	3.99	3.706	0.2839
	15	1.27	1.12	0.04	0	0	0	0	0	2.42	2.42	3.706	-
17-07-06	16	0	0	0	0	0	0	0	0	0	0	3.706	-
	17	0	0	0	0	5.244	0	0	0	5.24	5.24	3.706	1.538
	18	0	0	0	0	0	0	0	0	0	0	3.706	-
	19	0	0	0	0	0	0	0	0	0	0	3.706	-
	13	0	0	0	0	0	0	0	0	0	0	2.606	-
	14	0	0	0	0	0	0	0	0.22	0.22	0.22	2.606	-
	15	1.36	0.43	0	2.06	0	0	0	0	3.84	3.84	2.606	1.2367
02-08-06	16	0	0.85	0	0	0	0	0	0	0.85	0.85	2.606	-
	17	0	0.85	0	0	2.39	0	0	0	3.25	3.25	2.606	0.6406
	18	0	0	0	0	2.85	0	0	0	2.85	2.85	2.606	0.244
	19	0	0	0	0	0	0	0	0	0	0	2.606	
	13	0	0	0	0	0	0	0	0	0	0	3.362	-
	14	1.46	0	0.24	0	2.74	0	0		4.43	4.43	3.362	1.0699
	15	0	0	0	1.01	2.74	0	0	0.56	4.30	4.30	3.362	0.9364
	16	0	0	0	0	2.51	0	0	0	2.51	2.51	3.362	-
04-08-06	17	0	0	0	0	0	0	0	0	0	0	3.362	-
	18	0.44	0	0	0	0	0	0	0	0.44	0.44	3.362	-
	19		0.61	0	0	0	0	0	0	0.61	0.61	3.362	-
	20		0	0	0	0	0	0	0	0	0	3.362	-
	11	0	0	0	0	0	0	0	0	0	0	6.607	-
	12	0	0	0	1.05	0	0	0	0	1.05	1.05	6.607	-

Data	Tempo (hr)	Abardae	Adi Kefelei	t Amadir	Adi Tsnay	Gebele Kelay	Selae Daero	Shketi	Tala	profundidade (mm)	Intensidade (mm/hr)	φ-índice (mm/hr)	pluviosidade (mm/hr)
16-08-06	13	0	0.10	0	6.33	0	0.95	0	1.11	8.50	8.50	6.607	1.89
	14	0.04	0.20	0	3.18	0.82	0.75	0	1.11	6.10	6.10	6.607	-
	15	0.10	0.20	0	0	0.82	0	0	0	1.12	1.12	6.607	-
	16	0.10	0.20	0.04	0	0.82	0	0	0	1.16	1.16	6.607	-
	17	0.10	0.20	0.08	0	0.27	0	0	0	0.65	0.65	6.607	-
	18	0.04	0.10	0.08	0	0	0	0	0	0.22	0.22	6.607	-
	19	0	0	0.02	0	0	0	0	0	0.02	0.02	6.607	-
	20	0	0	0	0	0	0	0	0	0	0	6.607	-

Data	Tempo (hr)	Estação e respectiva ponderação								Média			Excesso
		Abardae	Adi Kefelei	t Amadir	Adi Tsnay	Gebele Kelay	Selae Daero	Shketi	Tala	profundidade (mm)	Intensidade	φ-índice	pluviosidade
		0.054	**0.074**	**0.359**	**0.087**	**0.222**	**0.041**	**0.103**	**0.059**		(mm/hr)	(mm/hr)	(mm/hr)
2-8-06	13	0	0	0	0	0	0	0	0	0	0	2.619	-
	14	0	0	0	0	0	0	0	0.12	0.12	0.12	2.619	-
	15	0.50	0.16	0	0.82	0	0	0	0	1.48	1.48	2.619	-
	16	0	0.31	0	0	0	0	0	0	0.31	0.31	2.619	-
	17	0	0.31	0	0	2.33	0	0	0	2.64	2.64	2.619	0.0228
	18	0	0	0	0	2.775	0	0	0	2.78	2.78	2.619	0.156
	19	0	0	0	0	0	0	0	0	0	0	2.619	-
4-8-06	13	0	0	0	0	0	0	0	0	0	0	13.3023	-
	14	0.54	0	12.10	0	2.66	0	0		15.30	15.30	13.3023	2.0
	15	0	0	0	0.40	2.66	0	0	0.30	3.36	3.36	13.3023	-
	16	0	0	0	0	2.44	0	0	0	2.44	2.44	13.3023	-
	17	0	0	0	0	0	0	0	0	0	0	13.3023	-
	18	0.16	0	0	0	0	0	0	0	0.16	0.16	13.3023	-
	19		0.22	0	0	0	0	0	0	0.22	0.22	13.3023	-
	20		0	0	0	0	0	0	0	0	0	13.3023	-
	13	0	0	0	0	0	0	0	0	0	0	8.0	-
	14	0	0.27	5.35	0	0.53	0	0	2.36	8.52	8.52	8.0	0.5157
	15	0	0	6.43	0	1.64	0	0	2.42	10.49	10.49	8.0	2.4879

22-8-06	16	0.05	0	2.66	0.63	1.64	0	0	2.36	7.34	7.34	8.0	-
	17	0.16	0	0	0	1.64	0	0	0	1.80	1.80	8.0	-
	18	0	0	0	0	0.53	0	0	0	0.53	0.53	8.0	-
	19	0	0	0	0	0	0	0	0	0	0	8.0	-

No caso de não haver controlos de deslocação, a curva de classificação pode ser desenvolvida utilizando a análise de dados, a análise física, o gráfico de duplo log e os métodos dos mínimos quadrados. Da mesma forma, existem vários métodos para determinar o valor deH_o, por exemplo, o método de corrida (Wisler e Brater, 1959).

Neste estudo, é utilizado um procedimento de otimização baseado em computador para estimar o valor de H_o que dá o melhor parâmetro de ajuste ou o coeficiente de determinação (R^2). As Fig. 4.2, Fig. 4.3 e Fig. 4.4 representam as curvas de caudal modeladas com a ajuda do MATLAB versão 7.6 (R2008a), utilizando os valores de descarga indicados no Quadro 4.6 e no Quadro 4.7.

Basicamente, tem um modelo geral da equação (4.3) e os coeficientes são determinados com um nível de confiança de 95%.

Estão disponíveis dados de descarga medidos para a estação de medição a montante para os anos 2006, 2007 e 2008. Tentou-se juntar todos os dados e desenvolver uma curva de classificação, mas o resultado foi um R^2 inferior. Pelo contrário, a curva de classificação desenvolvida para os dados de 2007 e 2008 deu resultados muito melhores e, por conseguinte, a mesma curva é adoptada para a conversão dos registos de estádios em descargas para a estação a montante. Simultaneamente, são desenvolvidas curvas de classificação diferentes para os dados de descarga medidos na estação de medição a jusante para 2006 e 2007, devido à sua incompatibilidade. As equações H-Q de ambas as estações são utilizadas para converter os respectivos registos de patamares em descargas correspondentes, tornando assim os dados prontamente disponíveis para uma análise hidrográfica mais aprofundada, como foi discutido nas secções subsequentes.

Tabela 4.6 Descargas medidas na estação de Debarwa em 2007 e 2008

S. Não	Data	Estágio (m)	Velocidade média (m/s)	Área húmida (m^2)	Descarga (m^3/s)
1	6-8-007	0.32	1.01	3.02	3.05
2	9-8-07	0.40	0.90	4.75	4.27
3	22-8-07	0.59	1.37	5.98	8.18
4	1-9-07	0.61	1.24	6.76	8.39
5	2-9-07	0.62	1.20	6.71	8.05
6	6-9-07	0.19	0.55	1.50	0.82
7	13-8-07	0.68	1.37	8.11	11.12
8	27-7-08	0.31	0.70	2.58	1.81
9	15-8-08	0.39	0.96	4.53	4.35
10	18-8-08	0.17	0.56	1.45	0.81
11	20-8-08	0.26	0.66	1.97	1.30
12	20-8-08	0.29	0.65	2.37	1.56

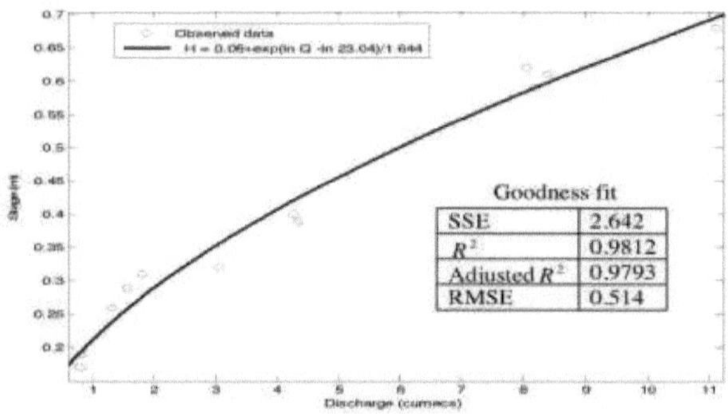

Fig. 4.2 Relação H-Q para a descarga medida em 2007 e 2008 em Debarwa

Quadro 4.7(a) Descargas medidas em Ghergera em 2006

S. Não	Data	Estágio (m)	Velocidade média (m/s)	Área molhada (m2)	Descarga (m^3/s)
1	19-7-06	0.24	1.01	4.58	4.63
2	13-8-06	0.08	0.16	0.99	0.16
3	14-8-06	0.22	1.17	3.78	4.42
4	18-8-06	0.36	1.44	5.86	8.44
5	2-9-06	0.43	1.71	7.06	12.09
6	2-9-06	0.43	1.62	5.72	9.23
7	7-9-06	0.23	0.43	3.56	1.53
8	8-9-06	0.23	0.42	3.44	1.44

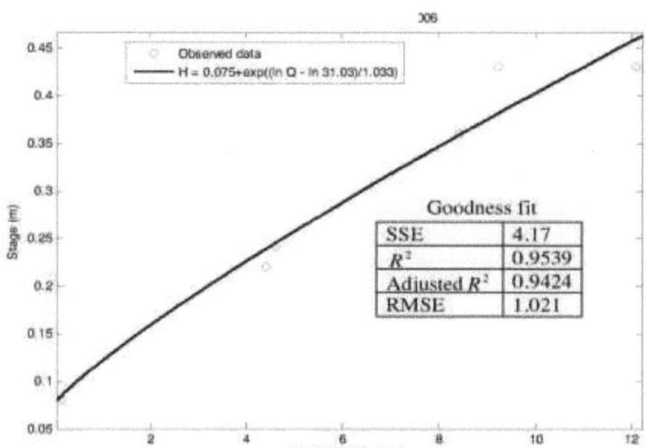

Fig. 4.3 Relação H-Q para a descarga medida em 2006 em Ghergera

Quadro 4.7(b) Descargas medidas em Ghergera em 2007

S. Não	Data	Estágio (m)	Velocidade média (m/s)	Área húmida (m2)	Descarga (m^3/s)
1	24-7-07	0.42	0.43	6.730	2.95

2	25-7-07	0.36	0.49	4.680	2.36
3	26-7-07	0.23	0.39	3.673	1.44
4	31-7-07	0.18	0.21	2.083	0.45
5	3-8-07	0.38	0.44	4.945	2.40
6	3-8-07	0.31	0.41	3.967	1.74
7	7-8-07	0.16	0.24	1.950	0.52
8	8-8-07	0.40	0.46	4.130	2.03
9	8-8-07	0.36	0.27	4.900	1.45
10	9-8-07	0.24	0.30	2.403	0.78
11	10-8-07	0.15	0.17	1.425	0.26
12	11-8-07	0.19	0.36	1.555	0.56
13	12-8-07	0.53	0.75	4.593	4.46
14	19-8-07	0.25	0.42	2.355	1.11
15	22-8-07	0.29	0.40	4.165	1.80
16	22-8-07	0.20	0.41	1.765	0.80
17	31-8-07	0.26	0.57	2.626	1.58
18	2-9-07	0.21	0.34	2.100	0.82

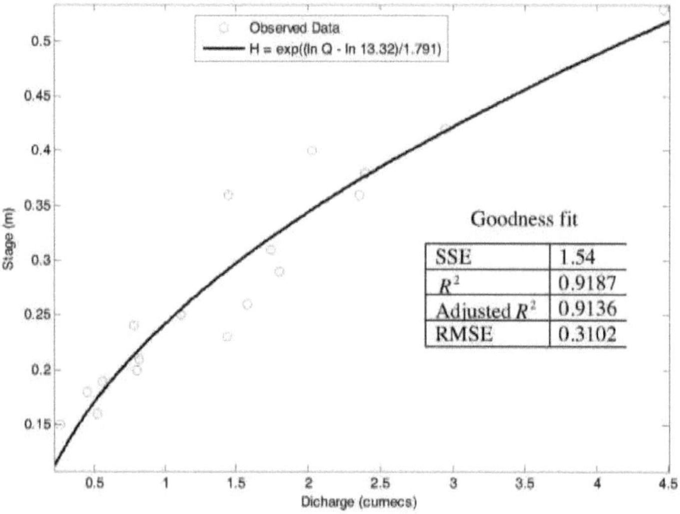

Fig. 4.4 Relação H-Q para a descarga medida em 2007 em Ghergera

CAPÍTULO-5

UNIDADE APLICAÇÕES HIDROGRÁFICAS

5.1 Introdução

A previsão do caudal de uma bacia hidrográfica tem sido uma preocupação dos hidrólogos e dos profissionais dos recursos hídricos desde há muito tempo. A este respeito, a abordagem do hidrograma unitário (UH) proposta por Sherman (1932) evoluiu para uma das ferramentas mais poderosas da hidrologia aplicada (Dooge, 1959). Chow et al (1988), definiu um UH como o hidrograma de escoamento direto (DRH) resultante de 1 cm de profundidade de precipitação efectiva (ERH) caindo uniformemente sobre a área de drenagem a uma taxa constante durante uma duração efectiva. Descreveu-o ainda como um modelo concetual linear que pode ser utilizado para derivar o hidrograma resultante de qualquer quantidade de precipitação em excesso. O UH num ponto específico do local de medição do curso de água numa bacia hidrográfica é geralmente determinado utilizando dados de precipitação efectiva e de escoamento superficial através do método de Collins (Collins, 1939), da matriz de inversão e dos métodos dos mínimos quadrados. Os pressupostos considerados no desenvolvimento da UH são que as tempestades selecionadas para análise devem ser de curta duração, uniformemente distribuídas por toda a bacia hidrográfica, tanto no espaço como no tempo, e que os princípios da sobreposição e da homogeneidade são válidos, uma vez que se trata de uma teoria linear.

Uma vez derivado um UH para uma zona de captação, este pode ser utilizado para os seguintes fins.

i) Os hidrogramas de tempestade de projeto para tempestades de intervalos de recorrência selecionados podem ser desenvolvidos através de procedimentos de adição e atraso de convolução.
ii) Os efeitos das alterações da utilização/cobertura do solo, das modificações do canal, dos acréscimos de armazenamento e de outras variáveis podem ser avaliados para determinar as alterações no hidrograma da unidade.
iii) Os efeitos da variação espacial da precipitação podem ser avaliados.
iv) Podem ser produzidos hidrogramas de bacias hidrográficas constituídas por várias sub-bacias.

5.2 Derivação do hidrograma unitário

Uma vez desenvolvidas as curvas de classificação para as estações de medição de descargas individuais, tal como discutido no capítulo anterior, os registos de fases discretas foram convertidos em descargas. Após uma revisão cuidadosa da natureza dos caudais de uma determinada tempestade, foram selecionadas para análise tempestades isoladas ocorridas em períodos diferentes que produziram um único hidrograma de pico em cada saída e as correspondentes precipitações.

Existem vários métodos disponíveis para desenvolver um UH, tais como a utilização de dados de caudal, sinteticamente (SCS (1957), Snyder (1938), método da área temporal (Clark, 1945)), utilizando distribuições geomorfológicas e ajustadas. Nesta secção, o UH para a bacia hidrográfica a montante é derivado utilizando os dados de caudal disponíveis. Esta informação, por sua vez, foi utilizada para determinar as suas constantes regionais através da equação sintética de Snyder modificada. Assumindo que a bacia a jusante partilha caraterísticas fisiográficas semelhantes às da bacia a montante, as constantes são utilizadas no desenvolvimento do hidrograma unitário sintético (SUH) para as bacias a jusante. A derivação do UH utilizando parâmetros geomorfológicos será discutida no próximo capítulo.

5.2.1 Análise do hidrograma de tempestade

De entre os muitos hidrogramas de tempestade disponíveis na saída, foram selecionados alguns hidrogramas de pico único para a derivação de UH. As análises de tempestades complexas estão para além do âmbito deste estudo. Para separar o caudal de base do escoamento direto, é utilizado o método da linha reta. Isto é conseguido traçando uma linha reta que liga o início do escoamento superficial a um ponto no limbo de recessão que representa o fim do escoamento direto, tendo em mente uma distribuição temporal adequada do escoamento de base. É preferível a outros métodos de separação do escoamento de base devido à ausência de quaisquer outros dados/informações fiáveis sobre a distribuição do escoamento de base. O método pressupõe que a recessão do hidrograma se torna exponencial (Shaw, 1994) e é fixado de forma única no gráfico semi-logarítmico da descarga (Q) e do tempo (t).

Por exemplo, para o hidrograma de tempestade observado na estação de Debarwa em 2 de agosto de 2006, não estão disponíveis os pontos de recessão para além de cinco horas. Por conseguinte, a seleção ponto final exato não é fácil. Tendo em conta este constrangimento, é aplicado um julgamento pessoal para selecionar o mesmo e, assim, a ordenada do hidrograma de recessão no ponto a (Fig. 5.1) é assumida como o ponto final. Por conseguinte, é melhor assumir uma relação linear para ligar ambos os pontos (Fig. 5.2), que é preparada utilizando os dados apresentados no Quadro 5.1 e no Quadro 5.2.

A área sob o hidrograma de escoamento direto (DRH) é calculada para produzir o volume de escoamento (V)

e é dada por

$$V = \sum (DRH) \times \Delta t \times 3{,}600 \qquad (5.1)$$

em que DRH - ordenada do hidrograma de escoamento direto (m^3/s) e A t - intervalo de tempo (h).

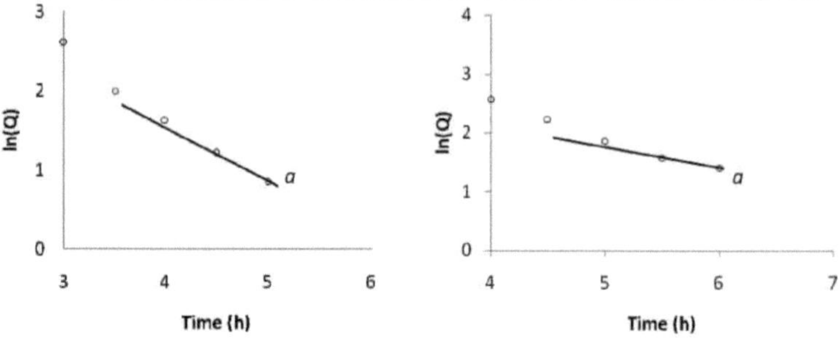

a) August 2, 2006 b) August 16, 2006

Fig.5.1 Gráfico semi-logarítmico da descarga versus tempo para seleção do ponto final

O volume de escoamento direto V para o escoamento observado na estação de Debarwa em 2 de agosto de 2006 é

$$V = 229.61 \times 0.5 \times 3600 = 413{,}306.58\,\mathrm{m}^3$$

A profundidade do escoamento superficial (d) é calculada dividindo o volume do escoamento superficial pela área da bacia hidrográfica (A) em km^2.

$$d = \frac{V}{A \times 10^4} \text{ (cm)}; \; d = \frac{413{,}306.58}{194.646 \times 10^4} = 0.212\,\mathrm{cm}$$

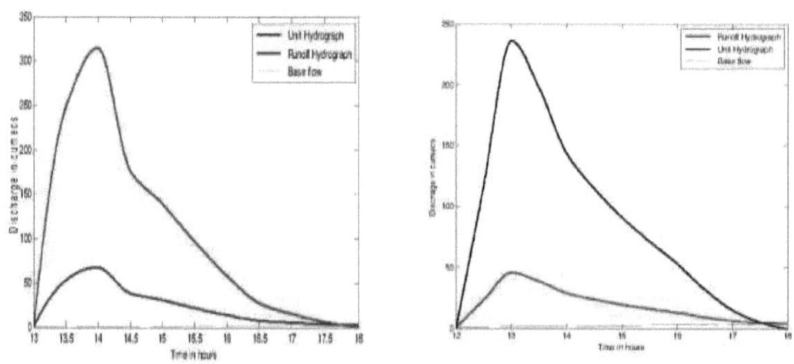

a) August 2, 2006 b) August 16, 2006

Fig.5.2 Separação do fluxo de base pelo método da linha reta

Do mesmo modo, o volume de escoamento direto V para o escoamento observado na estação de Debarwa em 16 de agosto de 2006 e a sua profundidade correspondente (d) são os seguintes

$$V = 204.23 \times 0.5 \times 3{,}600 = 367{,}614 \text{ m}^3 \quad d = \frac{367{,}614}{194.646 * 10^4} = 0.189\,\mathrm{cm}$$

Quadro 5.1 Derivação do hidrograma unitário para a estação de Debarwa (2 de agosto de 2006)

Tempo (h)	Descarga (m^3/s)	Caudal de base (m^3/s)	Ordenadas de DRH (m^3/s)	Ordenadas de UH (m^3/s)
13.0	0.00	0.00	0.00	0.00
13.5	52.55	0.24	52.31	246.37
14.0	67.33	0.47	66.86	314.88
14.5	38.20	0.71	37.49	176.55
15.0	30.67	0.94	29.72	139.98
15.5	21.91	1.18	20.73	97.65
16.0	13.73	1.42	12.32	58.01
16.5	7.37	1.65	5.72	26.94
17.0	5.11	1.89	3.22	15.17
17.5	3.36	2.12	1.24	5.82
18.0	2.36	2.36	0.00	0.00
	Total		229.61	1081.37

Por conseguinte, as ordenadas UH, indicadas na coluna 5 do Quadro 5.1, são obtidas dividindo as ordenadas DRH pela profundidade do escoamento superficial. O volume unitário (v) do hidrograma unitário é a soma das ordenadas UH (m^3/s) multiplicada pelo intervalo de tempo (h).

$$v = \sum UH \times \Delta t \times 3{,}600 \ (m^3) \qquad (5.2)$$

O volume unitário para este evento é,

$$V = 1.081{,}37 \times 0{,}5 \times 3600 = 1.946.466 \ m^3$$

Este volume unitário deve ser igual a 1cm de profundidade de precipitação multiplicado pela área da bacia hidrográfica A (km^2).

$$v = 1 \times A \times 10^{4} = 1{,}946{,}460 \ m^3$$

Comparando os dois resultados, é bastante razoável afirmar que os cálculos estão corretos.

Tabela 5.2 Derivação de UH para a estação de Debarwa (16 de agosto de 2006)

Tempo (hr)	Descarga (m^3/s)	Caudal de base (m^3/s)	Ordenadas de DRH (m^3/s)	Ordenadas de UH (m^3/s)
12.00	0.71	0.71	0.00	0.00
12.50	23.29	0.9925	22.29	118.04
13.00	45.86	1.275	44.59	236.07
13.50	38.92	1.5575	37.36	197.83
14.00	28.99	1.84	27.15	143.76
14.50	23.83	2.1225	21.71	114.94
15.00	19.73	2.405	17.33	91.73
15.50	16.29	2.6875	13.60	72.03
16.00	13.12	2.97	10.15	53.74
16.50	9.38	3.2525	6.12	32.42
17.00	6.43	3.535	2.90	15.33
17.50	4.85	3.8175	1.03	5.48

18.00	4.10	4.1	0.00	0.00
		Total	204.23	1081.37

Do mesmo modo, o volume unitário (V) para a tempestade de 16 de agosto de 2006,
$v = 1,081.37 \times 0.5 \times 3,600 = 1,946,466\,\mathrm{m}^3$

1cm de profundidade de precipitação multiplicado por A (km^2) dá $v = 1 \times A \times 10^4 = 1,946,460\,\mathrm{m}^3$
Comparando os dois resultados, é bastante razoável afirmar que os cálculos estão corretos.

5.2.2 Análise da precipitação pluviométrica

O objetivo desta análise é calcular o excesso de precipitação, ou seja, a componente da precipitação total que contribui para o escoamento direto. A partir dos dados de precipitação pontual de diferentes pluviómetros na bacia hidrográfica, é construído o hietógrafo médio da tempestade. Para além disso, uma vez que a curva de capacidade de infiltração não está disponível para o local, obtém-se um valor adequado de (-índice para que a chuva total acima do (-índice seja a mesma que a profundidade do escoamento superficial. Correspondendo à profundidade unitária do UH (1 cm), as ordenadas do DRH são interpoladas linearmente para obter as ordenadas do UH, tal como representado na Fig. 5.3. Os gráficos ERH e DRH (Fig. 5.4) são preparados usando os valores dados na Tabela 4.5 do capítulo 4. Para os outros eventos selecionados para análise, os gráficos são apresentados no Apêndice B.

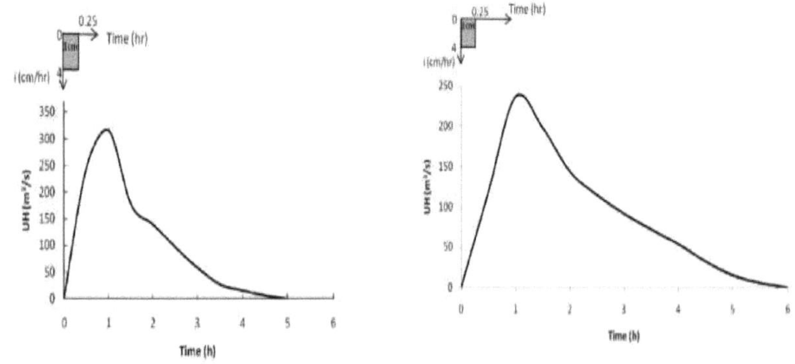

a) August 2, 2006 b) August 16,2006

Fig. 5.3 UH derivado do caudal observado em Debarwa

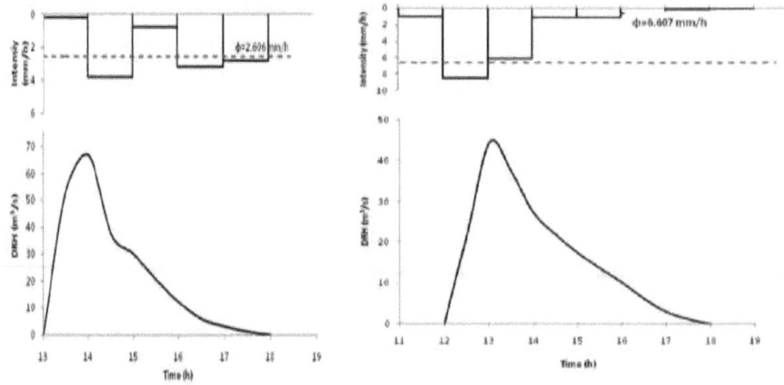

a) August 2, 2006 b) August 16, 2006

Fig. 5.4 DRH e excesso de precipitação para as tempestades em Debarwa

A duração unitária do excesso de precipitação é o tempo durante o qual a profundidade unitária do excesso de precipitação cai uniformemente em toda a bacia hidrográfica. Aplica-se aqui a regra geral de que a duração unitária de uma UH deve ser de 1/3 a 1/5 do tempo até ao pico (t_p) da UH. A partir da Fig. 5.3(a), t_pé 1, então,

$1/3t_p$ = 1/3 h ou 20 minutos; do mesmo modo, $1/5t_p$ = 1/5 h ou 12 minutos

Por conseguinte, a duração média da unidade é de 16 minutos e, por conveniência, considera-se uma duração de unidade de 15 minutos (0,25 h). Por conseguinte, as ordenadas UH neste intervalo de tempo são apresentadas no Quadro 5.3. Como se pode ver na Fig. 5.3, a precipitação de 1 cm de profundidade durou 0,25 h (15 minutos) e foi uniformemente distribuída por toda a área de drenagem. A intensidade da precipitação (i_e) é igual à unidade de profundidade dividida pela unidade de duração é

$$i_e = 1/0.25 = 4\,\text{cm/h}$$

O tempo de concentração (T_C) é calculado a partir de

$$T_C = T_B - t_D \quad (5.3)$$

em que T_B - a base temporal do hidrograma unitário; e t_D - a duração do excesso de precipitação.

Então, $T_C = 5.0 - 0.25 = 4.75\,\text{h}$

Tabela 5.3 Ordenadas UH em intervalos de duração unitária na estação de Debarwa (2 de agosto de 2006)

Tempo (h)	0.0	0.25	0.50	0.75	1.00	1.25	1.50	1.75	2.00	2.25	2.50
UH (m^3/s)	0.0	151.7	246.4	294	314.9	252.9	176.6	155.9	140	119.0	97.7

Tempo (h)	2.75	3.00	3.25	3.50	3.75	4.00	4.25	4.50	**4.75**	5.0
UH (m^3/s)	77.07	58.01	40.25	26.94	20.22	15.17	10.09	5.82	**2.52**	0.0

Do mesmo modo, para o evento de 16 de agosto de 2006, a partir da Fig. 5.3(b), o tempo até ao pico, $t_{(p)}$, é de 1 h, $1/3t_p$ = 1/3 h ou 20 minutos; do mesmo modo, $1/5t_{(p)}$= 1/5 h ou 12 minutos

A duração média das unidades é de 16 minutos e, por conveniência, considera-se uma duração de 15 minutos (0,25 h). Por conseguinte, as ordenadas UH neste intervalo de tempo são apresentadas no Quadro 5.4. A intensidade de precipitação correspondente (i_e) é igual à profundidade da unidade dividida pela duração da unidade, ou seja

$$i_e = 1/0.25 = 4\ \text{cm/hr.}$$

O tempo de concentração (T_C) é

$$T_C = 6.0 - 0.25 = 5.75\,\text{h}$$

Tabela 5.4 Ordenadas UH em intervalos de duração unitária na estação de Dbarwa (16 de agosto de 2006)

Tempo (hr)	0.0	0.25	0.50	0.75	1.00	1.25	1.50	1.75	2.00
Ordenadas UH (m^3/s)	0.0	59.02	118.04	191.81	236.07	222.55	197.83	169.90	143.76

Tempo (h)	2.25	2.50	2.75	3.00	3.25	3.50	3.75	4.00	4.25
Ordenadas UH (m^3/s)	127.86	114.94	102.78	91.73	81.59	72.03	62.98	53.74	42.99
Tempo (h)	4.50	4.75	5.00	5.25	5.50	**5.75**	6.00		
Ordenadas UH (m^3/s)	32.42	23.07	15.33	9.72	5.48	**2.27**	0.00		

5.2.3 Curva S

Os UHs discutidos acima são derivados de hidrogramas de tempestade simples selecionados. Ao mesmo tempo, foram analisadas outras UH derivadas de forma semelhante para a mesma bacia hidrográfica. Observou-se que as suas durações unitárias e outros parâmetros de UH são diferentes. Por conseguinte, para desenvolver uma UH média (principal) para a bacia hidrográfica, é necessário que estas tenham a mesma duração unitária. Existem vários métodos disponíveis para este efeito, como o método da sobreposição e a curva S. Devido à natureza da bacia hidrográfica e às chuvas de curta duração, as durações unitárias são em fracções, o que exclui a utilização do primeiro método e, por conseguinte, o segundo método é aqui aplicado. A curva S é um hidrograma produzido por uma precipitação efectiva contínua a um ritmo constante durante um período infinito. É a acumulação sequencial das ordenadas do hidrograma unitário; um gráfico de ordenadas UH cumulativas traçadas em função do tempo. A curva S mostrada na Fig. 5.5 é traçada usando as ordenadas de tempo versus curva S tabuladas na Tabela 5.5 e Tabela 5.6. Basicamente, no momento da concentração (T_C= 4.75 h de 2 de agosto de 2006), a ordenada da curva S ($Q_{S\text{-}Curva}$) deve ser igual à intensidade do excesso de precipitação vezes a área de captação, i.e.

$$Q_{S-Curve} = 2.778 \times i_e \times A(\mathrm{m^3/s}) \qquad (5.4)$$

em que *ie* - intensidade do excesso de precipitação (cm/h); *A* - área da bacia hidrográfica (km^2).
Por conseguinte,

$$Q_{S-Curve} = 2.778 \times 4 \times 194.646 = 2{,}162.73 \ \mathrm{m^3/s}$$

mas a partir da Tabela 5.5, em T_C= 4,75 h, a ordenada da curva S é:

$$Q_{S-Curve} = 2{,}205.16 \ \mathrm{m^3/s}$$

Na construção efectiva de uma curva S, verifica-se que a curva oscila na parte superior em torno do valor de equilíbrio devido à ampliação e acumulação de pequenos erros na interpolação UH. Quando isso ocorre, uma curva média suave é traçada de forma a atingir um valor $Q_{S\text{-}Curva}$ na base temporal do hidrograma unitário (Subramanya, 2008). Devido a este facto, os valores acima são diferentes e, por isso, foi necessário suavizar a curva, como se mostra na Fig. 5.5.

Tabela 5.5 Construção da curva S para uma UH de 0,25 h (2 de agosto de 2006)

Tempo	Ordenados UH	Curva S Ordenados	Curva S suavizada
(h)	(m^3/s)	(m^3/s)	(m^3/s)
0.00	0.00	0.00	0.00
0.25	151.70	151.70	151.70
0.50	246.37	398.07	398.07
0.75	294.03	692.09	692.09
1.00	314.88	1006.97	1006.97

1.25	252.95	1259.92	1259.92
1.50	176.55	1436.47	1436.47
1.75	155.94	1592.41	1592.41
2.00	139.98	1732.39	1732.39
2.25	119.03	1851.42	1851.42
2.50	97.65	1949.07	1949.07
2.75	77.07	2026.13	2026.13
3.00	58.01	2084.14	2084.14
3.25	40.25	2124.40	2124.40
3.50	26.94	2151.34	2151.34
3.75	20.22	2171.56	2155.90
4.00	15.17	2186.73	2159.19
4.25	10.09	2196.82	2161.35
4.50	5.82	2202.64	2162.55
4.75	2.52	2205.16	2162.91
5.00	0.00	2205.16	2162.91

Do mesmo modo, no momento da concentração (T_C= 5,75 h) de 16 de agosto de 2006, a ordenada da curva S ($Q_{S\text{-}Curva}$) deve ser igual à intensidade do excesso de precipitação vezes a área de captação, ou seja

$$QS - Curva = 2.^{77}8^{x}4 X194{,}646 = 2.162{,}73 \, m^3/s$$

mas a partir da Tabela 5.6, em Tc = 5,75hr, a ordenada da curva S é:

$$Curva\ QS = 2.177{,}91 \, m^3/s$$

Os valores acima são diferentes e, por isso, é necessário suavizar a curva.

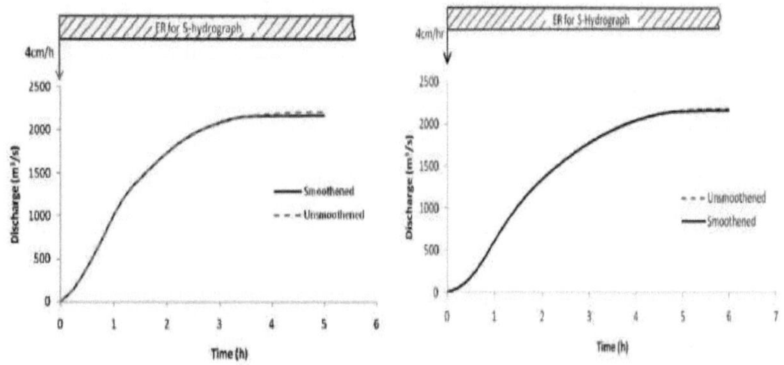

a) August 2, 2006 b) August 16, 2006

Fig. 5.5 Curva S para dois eventos de tempestade em Debarwa

Tabela 5.6 Construção da curva S para uma UH de 0,25 h (16 de agosto de 2006)

Tempo (h)	Ordenados UH (m^3/s)	Curva S (m^3/s)	S- alisado (m^3/s)
0.00	0.00	0.00	0.00
0.25	59.02	59.02	59.02
0.50	118.04	177.06	177.06
0.75	191.81	368.87	368.87

1.00	236.07	604.94	604.94
1.25	222.55	827.49	827.49
1.50	197.83	1025.32	1025.32
1.75	169.90	1195.22	1195.22
2.00	143.76	1338.98	1338.98
2.25	127.86	1466.84	1466.84
2.50	114.94	1581.78	1581.78
2.75	102.78	1684.56	1684.56
3.00	91.73	1776.29	1776.29
3.25	81.59	1857.88	1857.88
3.50	72.03	1929.91	1929.91
3.75	62.98	1992.89	1992.89
4.00	53.74	2046.63	2046.63
4.25	42.99	2089.62	2089.62
4.50	32.42	2122.04	2122.04
4.75	23.07	2145.10	2145.10
5.00	15.33	2160.43	2152.21
5.25	9.72	2170.16	2158.29
5.50	5.48	2175.64	2161.74
5.75	2.27	2177.91	2162.91
6.00	0.00	2177.91	2162.91

5.3 Hidrograma unitário médio

Tal como referido na secção anterior, várias UH de uma dada duração são derivadas de diferentes eventos de tempestade. Devido às variações da precipitação, tanto no espaço como no tempo, e devido aos desvios das tempestades em relação aos pressupostos da teoria UH, as várias UH assim desenvolvidas não são idênticas. É uma prática comum adotar uma média dessas curvas como o UH de uma determinada duração para a bacia hidrográfica. Neste caso, os UHs derivados das tempestades ocorridas em 2nd e 16th de agosto de 2006 são utilizados para o desenvolvimento do UH médio (Fig. 5.6). Começa-se por calcular a média dos caudais de ponta e o tempo até aos picos. Em seguida, é traçada uma curva média de melhor ajuste a olho nu através do pico médio para fechar num comprimento de base médio. O volume de DRH devido ao excesso de precipitação é calculado e qualquer desvio da unidade é corrigido ajustando o valor do pico. A média do excesso de precipitação por unidade de profundidade é habitualmente desenhada no gráfico do UH para indicar o tipo e a duração da precipitação que está na origem do UH.

Tabela 5.7 Parâmetros UH em Debarwa derivados de dois hidrogramas de tempestade

S.N.	Duração	Descarga de pico	Tempo Base	Desfasamento temporal	Profundidade de escoamento	Observação
	t_D (h)	Q_p (m^3/s)	T_B (h)	t_L (h)	d (cm)	
1	0.25	314.88	5.00	0.875	0.212	2 de agosto de 2006
2	0.25	236.07	6.00	0.875	0.189	16 de agosto de 2006

Média	0.25	275.475	5.5	0.875	0.201

A partir da Tabela 5.7, duração média da UH, $\bar{t}_D = 0.25$ h; pico da UH média, $\bar{Q}_P$ = 275,475m3/s, comprimento médio da base, $\bar{T}_B$ = 5,5 h, tempo médio de atraso, $\bar{t}_L$ = 0,875 h; e profundidade média do escoamento superficial, $\bar{d}$ = 0,201 cm

Quadro 5.8 Média de 0,25 h UH para a bacia hidrográfica do rio Debarwa

Tempo (h)	UH média (m^3/s)	Observações
0.00	0.00	
0.25	90.49	
0.50	174.00	
0.75	242.92	
1.00	275.48	Pico de descarga
1.25	237.75	
1.50	187.19	
1.75	162.92	
2.00	141.87	
2.25	123.45	
2.50	106.30	
2.75	89.93	
3.00	74.87	
3.25	60.92	
3.50	49.49	
3.75	41.60	
4.00	34.46	
4.25	26.54	
4.50	19.12	
4.75	12.79	
5.00	7.67	
5.25	3.00	
5.50	0.00	
total	2162.72	

A unidade de volume (v)

$$v = \sum (UH) \times \Delta t \times 3{,}600 \text{ m}^3$$

em que t - tempo (h)

V= 2185.84 x 0.25 x 3,600= 1,946,448m^3

Este volume unitário deve ser igual a 1 cm de profundidade de precipitação multiplicado pela área de captação A (km^2), ou seja

V= 1xAx10^4= 1,946,460m^3

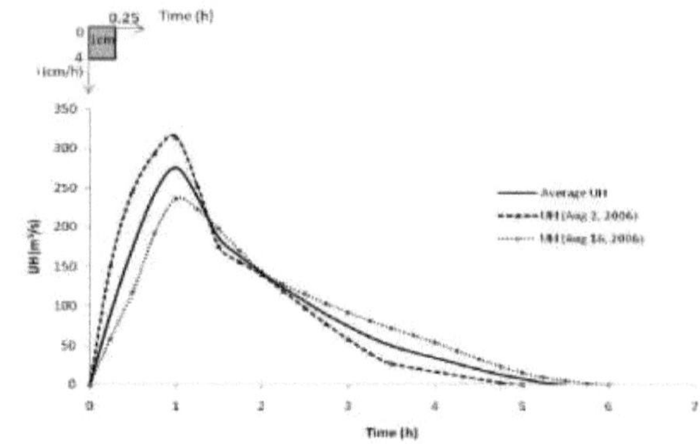

Fig. 5.6 UH médio para a bacia hidrográfica do rio Debarwa

5.4 Hidrograma unitário sintético

O desenvolvimento de um UH para uma bacia hidrográfica requer informação detalhada sobre a precipitação e o hidrograma de escoamento resultante. No entanto, essa informação nem sempre está disponível e/ou os dados disponíveis podem não ser fiáveis. Como resultado, é necessário procurar uma abordagem diferente para o desenvolvimento de UH. A utilização de equações que relacionam as caraterísticas salientes do hidrograma (pico de descarga, desfasamento temporal, base temporal) com as caraterísticas da bacia (área da bacia, declive da bacia, curva área-elevação e número de cursos de água principais na bacia) está disponível - um hidrograma unitário sintético (Chow, 1964). O termo "sintético" no hidrograma unitário sintético (SUH) designa o UH derivado das caraterísticas da bacia hidrográfica e não dos dados da precipitação.

Entre os métodos aproximados disponíveis para a derivação do UH (Singh, 1988), o método de ajuste manual de uma curva suave através de alguns pontos salientes do UH é geralmente praticado. O método de Snyder (1938) utiliza equações empíricas para estimar o caudal de pico (Q_p), o tempo de atraso (t_L), o tempo de base (T_B), o tempo até ao pico (t_p), as larguras do UH a 50% (W50) e 75% (W75) do caudal de pico. O U.S. Army Corps of Engineers recomenda que as larguras sejam distribuídas de modo a que um terço seja colocado antes do pico e dois terços sejam colocados depois do pico. Linsley et al (1958) verificaram que o t_L está mais bem correlacionado com os parâmetros da bacia hidrográfica, como se mostra na equação (5.5). Este método de Snyder modificado é aplicado neste estudo porque utiliza a informação do hidrograma de escala de uma bacia hidrográfica para outra bacia hidrográfica com as mesmas caraterísticas fisiográficas (Subramanya, 2008).

O facto de os dados da bacia hidrográfica do Ghergera serem tão escassos e a incompatibilidade das curvas de classificação desenvolvidas para os anos 2006 e 2007, para desenvolver o SUH com base no UH derivado para a bacia hidrográfica a montante foi a melhor opção. O pressuposto é que ambas as bacias hidrográficas partilham o mesmo fator de caudal máximo (C_p) e o mesmo fator de tempo de atraso (C_t). Estes dois parâmetros são determinados primeiro a partir do UH médio previamente desenvolvido para a bacia a montante e, em seguida, $Q_{(p)}$, t_L e T_B são calculados para a bacia a jusante.

A equação de Snyder modificada é dada por

$$t_L = C_t\left(\frac{LL_{ca}}{\sqrt{S}}\right)^{0.38} \qquad (5.5)$$

em que t_L- desfasamento temporal (h); L- comprimento da bacia medido ao longo do curso de água desde a divisão da bacia até ao escoadouro (km); L_{ca} - distância ao longo do curso de água principal desde a estação de medição até um ponto oposto ao centróide da bacia hidrográfica (km); C_t - constante regional que representa o declive da bacia hidrográfica e os efeitos de armazenamento; S - declive geral da bacia hidrográfica.

O pico de descarga de UH de uma duração padrão é dado por Snyder como

$$Q_p = \frac{2.78C_pA}{t_L} \qquad (5.6)$$

em que Q_p - descarga de pico da UH (m^3/s); A - área da bacia hidrográfica (km^2); C_p - uma constante regional.

A base de tempo (T_B) em dias do UH é dada como

$$T_B = 3\left(1+\frac{t_L}{24}\right) \qquad (5.7)$$

5.4.1 *Determinação de constantes regionais*

Para a bacia hidrográfica a montante, as caraterísticas fisiográficas (Tabela 3.3) são L = 29.597km, L_{ca} = 15.19km e A = 194.646km^2. As respectivas caraterísticas médias de UH obtidas a partir da Fig. 5.6 são t_L = 0.875h, Q_p = 275.48m^3/s e T_B = 5.5 h. Assim, a partir da equação (5.5), o fator tempo é

$$0.875 = C_t\left(\frac{29.597\times 15.191}{\sqrt{0.125}}\right)^{0.38}$$

$$C_t = 0.058$$

Substituindo os valores da UH média a montante na equação (5.6), obtém-se o fator de caudal de ponta como

$$275.48 = \frac{2.78C_p\times 194.646}{0.875}$$

$$C_p = 0.445$$

Neste caso, tenta-se determinar a constante 3 da equação (5.7) a partir dos dados observados (UH média derivada), conhecendo a base temporal e o tempo de desfasamento. Substituindo-a pela constante a e substituindo os valores na equação (5.7), obtém-se

$$\frac{5.5}{24} = \alpha\left(1+\frac{0.875}{24}\right)$$

$$\alpha = 0.22$$

5.4.2 *Hidrograma unitário sintético para bacias hidrográficas não avaliadas*

Utilizando as mesmas constantes regionais, o tempo de atraso da bacia a jusante, o caudal de pico e a base temporal foram calculados para adquirir uma duração de excesso de precipitação de 0,25 h para estar em conformidade com a estação a montante para efeitos de comparação em . Usando os parâmetros fisiográficos de Ghergera (Tabela 3.3), os seguintes procedimentos foram seguidos para a derivação do SUH.

A partir da equação (5.5), o desfasamento é,

$$t_L = 0.058\left(\frac{42.91\times 18.82}{\sqrt{0.116}}\right)^{0.38} \; ; \; t_L = 1.11\,\text{h}$$

A duração do excesso de precipitação em horas é calculada a partir de

$$t_D = \frac{t_L}{5.5} \qquad (5.8)$$

Substituição,

$$t_D = \frac{1.11}{5.5} = 0.20\,\text{h}$$

A duração calculada pela equação (5.8) não é a duração desejada (t_{re}). Por conseguinte, Snyder propôs a seguinte relação para calcular as durações alternativas,

$$t_{Lalt} = t_L + 0.25(t_{re} - t_D) \qquad (5.9)$$

Substituindo os valores, obtemos,

$$t_{Lalt} = 1.11 + 0.25(0.25 - 0.20) = 1.12\,\text{h}$$

Embora exista uma diferença muito pequena entre o tempo de desfasamento inicial e o tempo de desfasamento alternativo, devido ao facto de a duração inicial estar muito próxima da duração desejada, esta última é utilizada nos cálculos subsequentes.

O tempo até ao pico (t_p) é igual a

$$t_p = t_{re}/2 + t_{Lalt} \qquad (5.10)$$

Substituição,

$$t_p = \frac{0.25}{2} + 1.12 = 1.25\,\text{h}$$

O pico de descarga do hidrograma unitário é

$$Q_p = \frac{2.78 \times 0.445 \times 525.726}{1.12} = 580.7\ \text{m}^3/\text{s}$$

Uma regra geral para a determinação da base temporal é utilizar 3 a 5 vezes o tempo até ao pico, uma vez que a equação de Snyder para a base temporal prevê demasiado para pequenas bacias hidrográficas. Por conseguinte, para que o cálculo seja mais realista em relação ao problema atual, o coeficiente a é determinado utilizando a base temporal dos dados observados a montante e é utilizado no cálculo da base

$$T_B = 0.22\left(1 + \frac{1.12}{24}\right);\ T_B = 0.23\,\text{days} \qquad \text{or} \qquad T_B = 5.52\,\text{h}$$

temporal.

Para além das bacias hidrográficas de Debarwa e Ghergera, foram arbitrariamente selecionadas para o presente estudo outras bacias hidrográficas (a maioria das quais com estações de medição de caudais nas suas saídas) na bacia do rio Mereb-Gash, nomeadamente: Tsorona, Adi-Chigono, Tokombia, Tessenei, Ethio1 e Ethio2. As duas últimas são pequenas bacias hidrográficas com uma área inferior a 400 km^2 que se situam fora da Eritreia, enquanto as restantes têm áreas de mais ou menos 5 000 km^2. A principal razão para selecionar estas bacias hidrográficas é determinar aproximadamente a descarga por unidade de área de cada bacia hidrográfica selecionada na Eritreia e no exterior (Etiópia), com base nos factores de tempo e caudal obtidos a partir do local de Debarwa. Os UHs por GIUH baseados no modelo Nash destas saídas serão discutidos no capítulo seguinte.

A forma como a base temporal do SUH de Ghergera foi determinada parece funcionar apenas para pequenas bacias como Ghergera, Ethio1 e Ethio2, uma vez que o valor de T_B é mais próximo do obtido usando a regra do polegar. Assim, o mesmo é adotado para desenvolver o SUH das bacias acima mencionadas. Por outro lado, o valor de T_B é tão pequeno quando é aplicado às bacias moderadas e grandes como Tsorona, Adi-Chigono, Tokombia e Tessenei. Além disso, o uso direto da equação (5.7) dá T_B para mais de três dias, o que é inaceitável para estas bacias devido ao facto de a maioria das áreas possuir uma má formação geológica que não melhora a infiltração, a sua natureza acidentada que desenvolve inundações repentinas e altas taxas de evaporação. Por isso, seguiu-se *o* T_B proposto por Taylor e Schwartz (1952), que é cinco vezes o tempo de pico dado na equação (5.10).

$$T_B = 5(t_{L.alt} + 0.5t_{re}) \qquad (5.11)$$

em que t_{alt} é o intervalo de tempo alternativo (h); e t_{re} é a duração não normalizada requerida (h). Para ajudar no esboço do SUH, as larguras do UH a 50% e 75% do pico foram recomendadas pelo US Army Corps for Engineers como,

$$W_{50} = \frac{5.87}{q^{1.08}} \qquad (5.12a)$$

e

$$W_{75} = \frac{W_{50}}{1.75} \qquad (5.12b)$$

em que q = Q / A (pico de descarga por unidade de área de captação em $\text{m}^3/\text{s}/\text{km}^2$)

Substituindo, obtemos

$$q = \frac{580.7}{525.726} = 1.105\,\text{m}^3/\text{s}/\text{km}^2$$

Assim,

$$W_{50} = \frac{5.87}{1.105^{1.08}} = 5.27\,\text{h}\ (0.50\,Q_p = 290.35\ \text{m}^3/\text{s})$$

$$W_{75} = \frac{5.24}{1.75} = 3.0\,\text{h}\ (0.75\,Q_p = 435.53\ \text{m}^3/\text{s})$$

Ao traçar a Fig. 5.7, a recomendação dada pelo US Army Corps for Engineers não se manteve válida e, por conseguinte, não é aqui adoptada. As ordenadas no passo de tempo de 0,25 h são apresentadas na Tabela 5.9

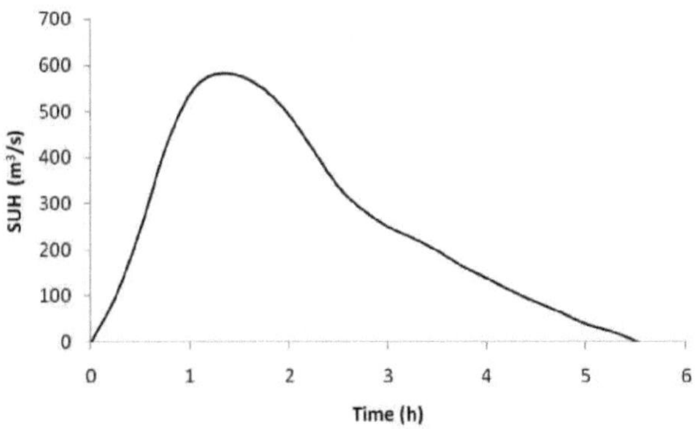

Fig. 5.7 SUH de 0,25 h de duração desenvolvido para a bacia hidrográfica do rio Ghergera

Tabela 5.9 Ordenadas SUH 0,25 h para a bacia hidrográfica do rio Ghergera

Tempo (hr)	0.00	0.25	0.50	0.75	1.00	1.25	1.50	1.75	2.00	2.25
SUH	0	100	243	420	540	580.7	578	545	492	415
Tempo (hr)	2.50	2.75	3.00	3.25	3.50	3.75	4.00	4.25	4.50	4.75
SUH	335	287	250	226	198	165	138	111	87	65
Tempo (hr)	5.00	5.25	5.50	5.52						
SUH	40	24	2	0						

A soma das ordenadas SUH, $\sum(SUH) = 5{,}841.7\ \text{m}^3/\text{s}$

A área sob a curva SUH deve ser igual ao volume unitário, ou seja, 1 cm de profundidade de precipitação vezes a área da bacia hidrográfica.

$$V = \sum(SUH) \times \Delta t \times 3600\ (\text{m}^3) \qquad \text{where } \Delta t - \text{the time step (h)}$$

$$V = 5{,}841.7 \times 0.25 \times 3{,}600 = 5{,}257{,}530\ \text{m}^3$$

e o volume unitário (v)

$V = 1cm \times A$ = 1 x 525,726 x 104= 5.257.260 m3

5.5 Contribuição do caudal das sub-bacias do Mereb-Gash

A descarga por unidade de área, q das diferentes bacias hidrográficas pode ajudar-nos a tirar algumas conclusões sobre as caraterísticas da bacia. Todas as saídas com a respectiva divisão de água são mostradas na Fig. 3.6 do capítulo 3. As caraterísticas de cada sub-bacia são determinadas utilizando C_t e C_p com valores 0,058 e 0,445, respetivamente. A partir dos parâmetros fisiográficos das sub-bacias discutidos na secção 3.1.4, o valor de cada parâmetro de Snyder para todas as sub-bacias é calculado e é apresentado no Quadro 5.10. O mesmo procedimento é seguido para todas as sub-bacias e o de Tessenei é apresentado a seguir para efeitos de ilustração.

O desfasamento temporal é determinado a partir de (5.5) para C_t= 0,058 e tomando os valores deL , L_{ca} e S do Quadro 3.2,

$$t_L = 0.058\left(\frac{489.3338 \times 260.629}{\sqrt{0.119}}\right)^{0.38} = 7.57\ \text{h}$$

Duração do excesso de precipitação para uma tempestade normal,

$$t_D = \frac{t_L}{5.5} = \frac{7.57}{5.5} = 1.38\,\text{h}$$

Se a duração requerida t_{re} for 0,25 h, então o desfasamento temporal da equação (5.9) é $t_{L\,lt}$ = 7,57+ 0,25(0,25-1,38)= 7,29h .*at*

O valor de t_L é substituído pelo desfasamento temporal alternativo $t_{L.alt}$ no cálculo do pico de descarga. A partir de (5.10), obtém-se

$$t_p = \frac{0.25}{2} + 7.29 = 7.41 \approx 7.5\text{ h}$$

De (5.11), *TB*= 37,05 h - 37 h

Do mesmo modo, o caudal de pico é calculado como

$$Q_p = 2.78 C_p \frac{A}{t_{L.alt}} \quad \text{in m}^3/\text{s}$$

$$Q_p = \frac{2.78 \times 0.445 \times 21{,}805.24}{7.29} = 3{,}700.31\,\text{m}^3/\text{s}$$

Por conseguinte, a descarga por unidade de superfície, *q*

$$q = \frac{Q_p}{A} = \frac{3{,}700.31}{21{,}805.24} = 0.17\,\text{m}^3/\text{s.km}^2$$

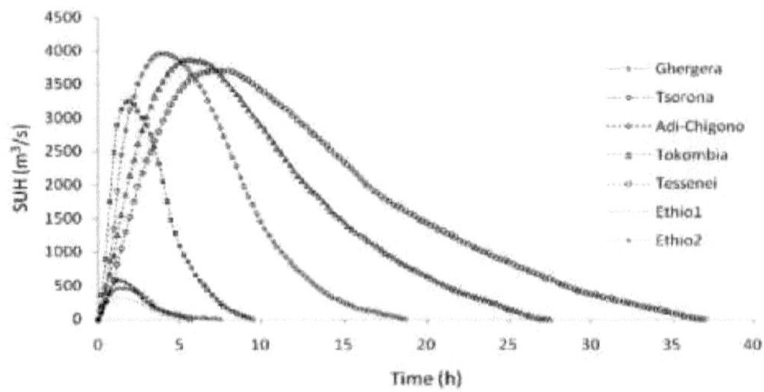

Fig. 5.8 SUH para diferentes saídas na bacia hidrográfica do rio Mereb-Gash

Quadro 5.10 Valores de *q para* diferentes sub-bacias na bacia hidrográfica do rio Mereb-Gash

Sub-bacia	A	tL	tD	t_{alt}*	tp	TB	QP	q
	(km²)	(hr)	(hr)	(hr)	(hr)	(hr)	(m³/s)	(m³/s.km²)
Debarwa	194.646	0.875	0.25	-	1.0	5.5	275.48	1.415
Ghergera	525.726	1.0	0.20	1.12	1.25	5.5	580.7	1.105
Tsorona	4,652.755	1.79	0.325	1.77	1.90	9.5	3,251.93	0.70
Etio1	319.481	1.19	0.22	1.20	1.32	6.5	329.36	1.031
Etio2	515.711	1.40	0.255	1.40	1.5	7.5	455.70	0.884
Adi-Chigono	11,553.576	3.72	0.68	3.61	3.75	18.75	3,959.26	0.342
Tokombia	16,873.45	5.59	1.02	5.40	5.5	27.5	3,865.58	0.229
Tessenei	21,805.24	7.57	1.38	7.29	7.5	37	3,700.31	0.17

*O desfasamento alternativo é calculado para uma duração requerida (t_{re}) de 0,25 h

CAPÍTULO 6

HIDROGRAMA UNITÁRIO INSTANTÂNEO GEOMORFOLÓGICO BASEADO NO MODELO DE NASH

6.1 Introdução

A previsão do hidrograma de escoamento superficial num clima árido e semi-árido, para países como a Eritreia, é essencial para a avaliação da disponibilidade de água, a conceção de várias estruturas hidráulicas e o desenvolvimento e gestão de bacias hidrográficas. Como tal, foram desenvolvidas diferentes técnicas para este fim. A prática mais comummente utilizada em hidrologia aplicada é a teoria UH introduzida por Sherman (1932) que se baseia em dados observados de precipitação e escoamento superficial de bacias hidrográficas medidas, como foi discutido em pormenor no capítulo anterior.

Uma bacia hidrográfica actua como um sistema hidrológico que transforma o hidrograma de entrada num hidrograma de escoamento superficial com as caraterísticas habituais de translação e atenuação do pico do primeiro (Mathur, 1972a). A função de transferência pode geralmente ser classificada como entidade derivada, função matemática e entidade concetual. Além disso, a sua natureza pode ser concentrada ou distribuída, linear ou não linear, variante ou invariante no tempo, etc. (Singh, 1988). Com base nesta abordagem de transformação do sistema, foram desenvolvidos numerosos modelos conceptuais de precipitação-fluxo para simular o processo de transformação da precipitação-fluxo (Zoch, 1934; Clark, 1945; Nash, 1958; Dooge, 1959; Mathur, 1972a e 1972b). Nash (1957) propôs um modelo concetual composto por uma cascata de reservatórios lineares. Dooge (1959) desenvolveu uma teoria geral de UH que é representada por uma combinação de canais lineares e reservatórios lineares. No entanto, devido à relação não linear entre a precipitação e o escoamento superficial, as aplicações destes modelos a bacias hidrográficas não cobertas por redes de drenagem tiveram apenas um grau limitado de sucesso em casos especiais (Yen e Lee, 1997). Além disso, Nourani et al (2008) sugeriram que a maioria dos modelos conceptuais contém um grande número de parâmetros que não podem ser relacionados com as caraterísticas físicas da bacia hidrográfica e, por conseguinte, devem ser estimados por calibração utilizando dados observados.

Anteriormente, os hidrólogos utilizavam equações puramente empíricas para desenvolver modelos de precipitação-escoamento para bacias hidrográficas não cobertas (Snyder, 1938; SCS, 1957). O método analítico e o método de tentativa e erro são alguns dos métodos comuns atualmente disponíveis para estimar o SUH. A este respeito, pode ser aplicada a técnica de regionalização dos parâmetros utilizando os dados das bacias hidrográficas em regiões hidrometeorologicamente semelhantes. Esta abordagem de derivação do SUH tem várias limitações. No entanto, as deficiências são ultrapassadas pela utilização do hidrograma unitário instantâneo (IUH).

Quando a duração unitária do excesso de precipitação de uma UH se torna infinitesimalmente pequena, o hidrograma de escoamento direto resultante é designado por IUH. Tem a vantagem de eliminar o pressuposto principal, ou seja, a uniformidade do excesso de precipitação durante a duração unitária da UH. O IUH é largamente aplicado porque pode refletir as caraterísticas da concentração do fluxo do vale (Gupta et al, 1980) e também pode ser extraída muita informação importante sobre as caraterísticas da bacia. No entanto, os parâmetros do IUH são geralmente avaliados através dos momentos estatísticos da precipitação efectiva e do escoamento superficial observado.

Por uma ou outra razão, os métodos acima referidos de derivação do IUH para bacias hidrográficas não cobertas por redes de drenagem têm inconvenientes e, por isso, os hidrólogos têm trabalhado para relacionar a resposta da bacia hidrográfica em função das suas propriedades geomorfológicas. Desde que Rodriguez-Iturbe e Valdes (1979) apresentaram o hidrograma geomorfológico instantâneo unitário (GIUH), tem havido muitas tentativas para obter um IUH que incorpore as propriedades geomorfológicas da bacia hidrográfica (Gupta et al, 1980; Rodriguez-Iturbe et al, 1982; Rosso, 1984; Gupta et al, 1986). Por conseguinte, o principal objetivo deste capítulo é discutir a metodologia de desenvolvimento do modelo de Nash baseado no GIUH que pode ser utilizado para o cálculo direto do escoamento superficial na bacia do Mereb-Gash.

6.2 Modelo Nash

A formulação do IUH de Nash (1957) foi obtida sob a hipótese de que o comportamento da bacia hidrográfica pode ser associado a uma cascata de *n* reservatórios lineares dispostos em série (Fig. 6.1). Uma entrada de excesso de precipitação unitária sobre a bacia hidrográfica é aplicada ao primeiro reservatório instantaneamente. O escoamento do primeiro reservatório torna-se a entrada para o segundo reservatório em série e a saída do segundo reservatório torna-se a entrada para o terceiro, e assim por diante. A saída do último $n^{ésimo}$ reservatório é a saída do sistema que representa um IUH para a bacia hidrográfica (Chow et al, 1988). Este modelo não só é fixo e invariante no tempo, como também fornece uma equação explícita para a derivação do IUH de uma bacia hidrográfica natural, como se indica a seguir.

$$Q(t)=\frac{1}{\Gamma(n)}\frac{1}{K}\left(\frac{t}{K}\right)^{n-1}e^{-t/K} \qquad (6.1)$$

em que $Q(t)$é o IUH do modelo de Nash; r(n) é a função gama; e K é a função de armazenamento.

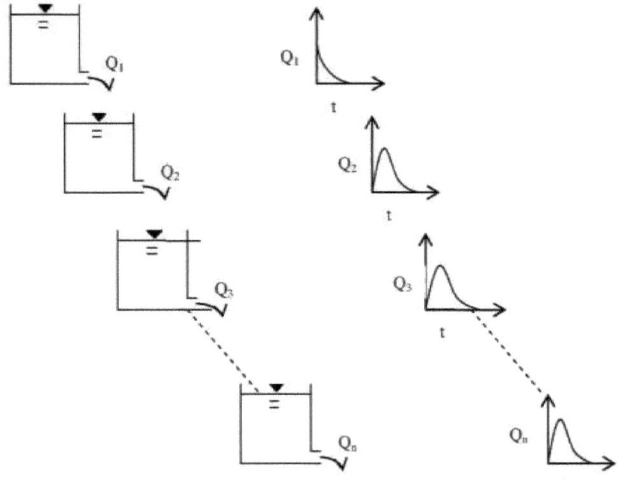

Fig. 6.1 Uma série de reservatórios lineares no modelo de Nash

6.2.1 Estimativa dos parâmetros do modelo de Nash

O modelo de Nash tem dois parâmetros n e K que podem ser determinados de várias formas, segundo Singh (1988). A mais comummente utilizada é o método dos momentos. Se uma bacia hidrográfica tem um tempo de atraso total (*digamosT*), então cada reservatório tem um tempo de atraso K igual aT/n. Tomando o primeiro momento da equação IUH (6.1) em torno da origem, ou seja, quando $t = 0$,

$$M_1 = nK \qquad (6.2)$$

M_1 representa o tempo de atraso do centróide do IUH, que é igual à diferença dos primeiros momentos do hidrograma de escoamento direto (DRH) e do hietógrafo de precipitação efectiva (ERH).

$$M_{DRH1} - M_{ERH1} = M_1 \qquad (6.3)$$

Do mesmo modo, o segundo momento (M_2) da IUH (6.1) em torno da origem, ou seja, t= 0, é dado da seguinte forma

$$M_2 = n(n+1)K^2 \qquad (6.4)$$

A diferença dos segundos momentos de DRH e ERH em relação à origem dá,

$$M_{DRH2} - M_{ERH2} = M_2 + (2M_1 \times M_{ERH1}) \qquad (6.5)$$

Combinando (6.3) e (6.5) e resolvendo, os valores de n e K *podem* ser determinados.

É de notar que, para a determinação direta dos parâmetros acima referidos, são necessários registos históricos fiáveis da precipitação e do escoamento superficial. Por outro lado, a aplicação do método precedente para o cálculo do IUH para bacias hidrográficas não cobertas é difícil. No entanto, os hidrólogos têm procurado outras técnicas associadas ao modelo de Nash para a derivação do IUH para bacias hidrográficas não cobertas.

6.3 Modelo de Nash baseado no GIUH

Como foi discutido nas secções anteriores, o GIUH tornou-se uma das técnicas mais recentemente aplicadas na derivação do IUH para bacias hidrográficas não drenadas. A base para o desenvolvimento do GIUH é a utilização extensiva das leis de ordem dos cursos de água propostas por Horton (1945), que foram posteriormente modificadas por Strahler (1957). Wooding (1965) previu que o fluxo

utilizando a teoria das ondas cinemáticas para o escoamento sobre uma bacia hidrográfica e ao longo do curso de água, assumindo que a precipitação tem intensidade constante e duração finita. Yen e Lee (1997) utilizaram os rácios geomorfológicos dos sistemas de ordenação de cursos de água de Horton-Strahler para a geração de

GIUH. Além disso, derivaram o GIUH utilizando a teoria das ondas cinemáticas para determinar os tempos de deslocação dos caudais de terra e de canal num sistema de sub-bacias de ordenamento de cursos de água. A incorporação de leis de rácios de ordem de cursos de água baseadas no GIUH com outros modelos conceptuais lineares e não lineares para a geração de UH provou ser bem sucedida. Rosso (1984) relacionou os rácios de ordem de Horton com os parâmetros do modelo IUH de Nash com base num modelo geomorfológico da resposta da bacia hidrográfica através de regressão de potência. Mostrou que o parâmetro *n* de Nash dependia do rácio de bifurcação (R_B), do rácio de comprimento (R_L) e do rácio de área (R_A), como indicado no Quadro 6.1. Do mesmo modo, Bhaskar et al (1997) derivaram um GIUH a partir das caraterísticas geomorfológicas da bacia hidrográfica e depois relacionaram-no com os parâmetros do modelo IUH de Nash para derivar a forma completa do IUH para a bacia hidrográfica do rio Jira na Índia oriental. Tendo em conta os factos e a falta de dados completos sobre a área de estudo, o modelo de Nash baseado no GIUH foi testado para a área de estudo.

6.4 Desenvolvimento do GIUH para a sub-bacia do Alto Mereb-Gash

6.4.1 Estimativa dos parâmetros geomorfológicos

As redes de canais das bacias hidrográficas foram ordenadas de acordo com Strahler (1957) no ArcGIS (ARC/INFO Window; versão 9.3, 2008), como mostra a Fig. 6.2. A bacia hidrográfica delineada é exportada para o software ERDAS Imagine (versão 9.1, 1991-2006) para posterior melhoramento da imagem, de modo a que os limites de cada subárea contribuinte possam ser vistos claramente.

Tabela 6.1 Parâmetros geomorfológicos utilizados na derivação do GIUH (leis de Horton)

Parâmetro	Descrição
Rácio de bifurcação, R B	R = N / N em que N = número de fluxos por ordem *w*. B w w 1+ w
Rácio do comprimento do curso de água	$R_L = \bar{L}_w / \bar{L}_{w-1}$ em que *Lw* = comprimento médio do curso de água dado por
RL	$\bar{L}_w = L_w / N_w$ em que $L_w = \sum_{i=1}^{N_w} L_i$ (o comprimento total de todos os fluxos de ordem *w*).
Rácio da área do curso de água R_A	$R_A = \bar{A}_w / \bar{A}_{w-1}$ onde $\bar{A}_w$ é a área média do curso de água da bacia hidrográfica de ordem *w*. É determinado a partir de, $\bar{A}_w = A_w / N_w$. A_w de uma bacia hidrográfica de ordem *w* é a área total projectada num plano horizontal que contribui com o escoamento superficial para o segmento de rio de uma determinada ordem de todos os segmentos de ordem inferior.

Posteriormente, esta imagem é utilizada para a digitalização da mesma no ArcGIS e para a extração das suas diferentes propriedades geomorfológicas. As ordens de corrente mais elevadas são 3 e 5 para as bacias hidrográficas de Debarwa e Ghergera, respetivamente.

O declive do canal $(\bar{S}_{cl})$ de ordem *w*, é o declive médio de todos os segmentos de canal de ordem *w* (Singh, 1989). Assim, o declive médio de um curso de água de ordem *w* é determinado tomando a soma das diferenças de elevação dos seus segmentos de curso de água dividida pela soma dos seus comprimentos. O declive do canal principal $(\bar{S}_{cm})$ é calculado utilizando o método do fator de declive "85-10" proposto por Benson (1962). Este é o declive entre 85% e 10% da distância ao longo do canal do rio, desde a saída da bacia até à divisão. Consequentemente, os declives do canal principal para as bacias hidrográficas dos rios Debarwa e Ghergera são de 1,23% e 1,11%, respetivamente. O declive do terreno $(\bar{S}_{ol})$ representa o declive médio da área do terreno que contribui para cada ordem de fluxo w. O DEM de cada área é extraído e o seu S_oi foi determinado utilizando a ferramenta Spatial Analyst no ArcGIS. Os valores destes diferentes parâmetros são apresentados nas Tabelas 6.2 e 6.3.

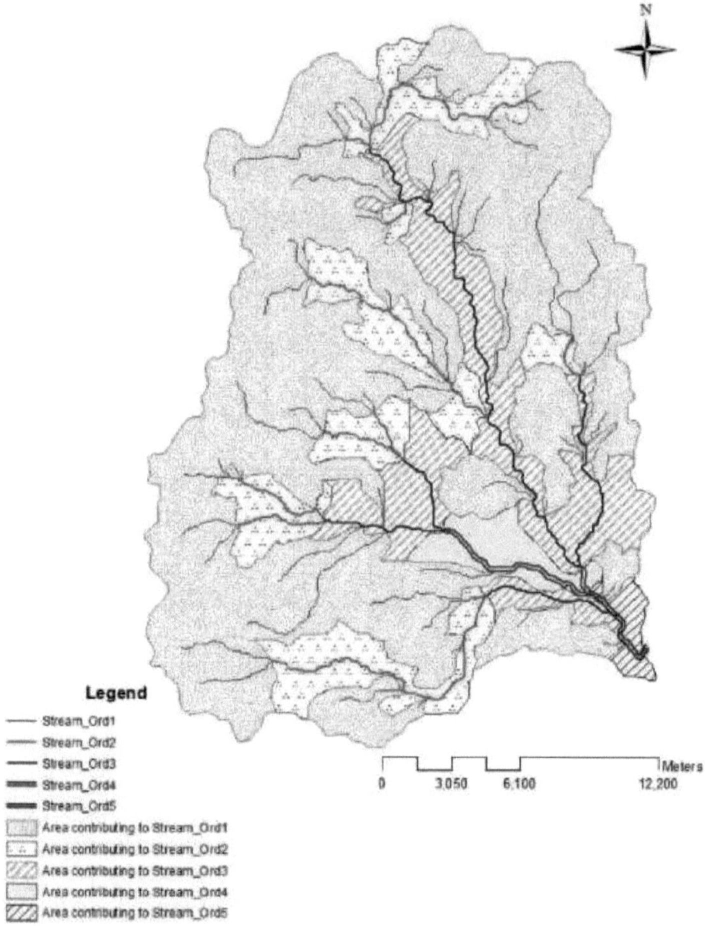

Fig. 6.2 Ordens dos cursos de água e respectivas áreas de contribuição

Quadro 6.2 Comprimento e área para a sub-bacia superior do Mereb-Gash

Sub-bacia	Ordem de fluxo	Número total de cursos de *água Nw*	Comprimento total dos cursos de *água Lw* (km)	Área total de drenagem dos cursos de água Aw (km^2)
	1	58	142.089	344.022
	2	14	58.65	428.367
Ghergera	3	5	51.04	505.037
	4	2	8.942	519.756
	5	1	4.194	525.728

Debarwa	1	23	51.97		128.189
	2	6		25.284	166.983
	3	1		17.672	194.646

Após o cálculo de R_B ,R_L e R_A para ordens consecutivas de cursos de água usando os métodos anteriores, os mesmos para todas as sub-bacias são obtidos usando dois métodos; método gráfico (Fig. 6.3 e Fig. 6.4) e método médio como mostrado na Tabela 6.2 e Tabela 6.3. Para o desenvolvimento do GIUH, são aqui adoptados os valores obtidos através deste último método.

6.4.2 Estimativa dos parâmetros do modelo de Nash baseado no GIUH

A relação entre o pico de descarga q_p e o tempo de pico t_p da IUH em função das caraterísticas geomorfológicas da bacia hidrográfica (Rodriguez-Iturbe e Valdes, 1979) é dada da seguinte forma,

$$q_p = 1.31 R_L^{0.43} (V_d / L_\Omega) \qquad (6.6)$$

e

$$t_p = 0.44 \left(\frac{L_\Omega}{V_d}\right)\left(\frac{R_B}{R_A}\right)^{0.55} R_L^{-0.38} \qquad (6.7)$$

onde Ω - ordem do curso de água da bacia hidrográfica; L_a - comprimento do curso de água de ordem mais elevada (km); V_d - parâmetro de velocidade dinâmica (m s^{-1}); R_B , R_L e R_A são a razão de bifurcação, a razão de comprimento e a razão de área, respetivamente. Os parâmetros q_p e t_p têm unidades (h^{-1}) e (h), respetivamente.

Além disso, a hipótese de a IUH ter uma forma triangular dá um resultado satisfatório, desde que q_p e t_p sejam corretamente estimados

Quadro 6.3 Valores dos parâmetros geomorfológicos da sub-bacia superior do Mereb-Gash

Sub-bacia	Ordem de fluxo	Comprimento médio da corrente $\bar{L}_w$ (km)	Comprimento médio cumulativo dos cursos de água (km)	Área média do curso de água $\bar{A}_w$ (km^2)		Declive médio do terreno $\bar{S}_{ol}$	Rácio de bifurcação R_B	Rácio do comprimento do curso de água R_L	Rácio do comprimento médio acumulado dos cursos de água	Rácio da área do curso de água R_A	Rácio de declive do curso de água R_S
Ghergera	1	2.45	2.450	5.93	0.027	0.14	4.14	-	-	-	1.46
	2	4.19	6.639	30.60	0.02	0.09	2.80	1.71	2.71	5.16	1.85
	3	10.21	16.847	101.01	0.01	0.06	2.50	2.44	2.54	3.30	0.63
	4	4.47	21.318	259.88	0.02	0.03	2.00	0.44	1.27	2.57	1.37
	5	4.19	25.512	525.73	0.01	0.12	-	0.94	1.20	2.02	-
				Média.	0.02	0.09	2.86	1.38	1.93	3.26	1.33
Debarwa	1	2.26	-	5.57	0.03	0.14	3.83	-	-	-	1.75
	2	4.21	-	27.83	0.02	0.09	6.00	1.87	-	4.99	1.84
	3	17.67	-	194.64	0.01	0.10	-	4.19	-	6.99	-
				A6vg	0.02	0.11	4.92	3.03		5.99	1.80

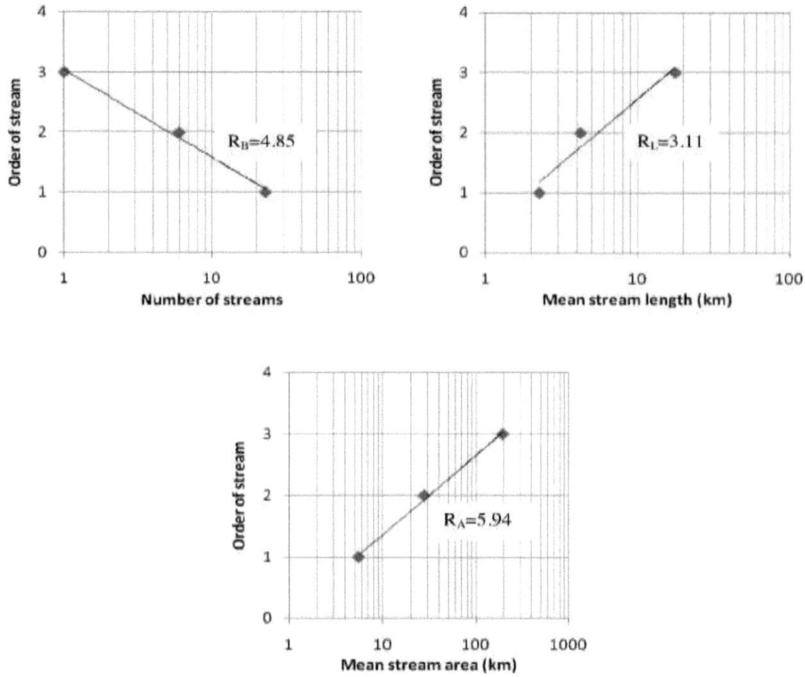

Fig. 6.3 Rácios de ordem dos cursos de água de Horton para a bacia hidrográfica de Debarwa

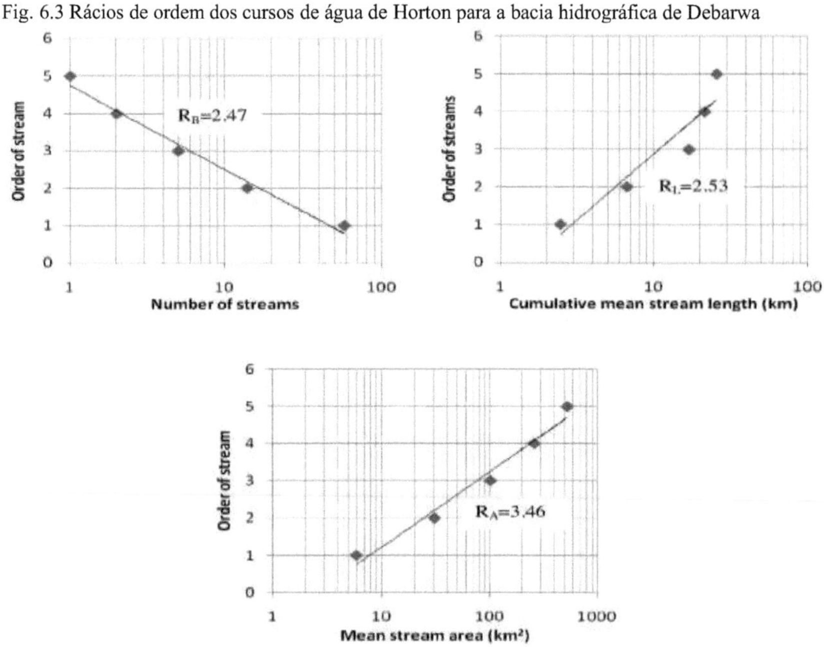

Fig. 6.4 Rácios de ordem dos cursos de água de Horton para a bacia hidrográfica de Ghergera

A multiplicação de (6.6) e (6.7) dá um termo não-dimensional (Rosso, 1984) que é independente da velocidade dinâmica e das caraterísticas da tempestade. É puramente uma função das caraterísticas geomorfológicas que é a seguinte.

$$q_p \times t_p = 0.5764(R_B / R_A)^{0.55} R_L^{0.05} \quad (6.8)$$

Por outro lado, a derivada de (6.1) dá o tempo até ao pico da seguinte forma,

$$t_p = (n-1) \times K \quad (6.9)$$

Substituindo este valor para $t_p$em (6.1), o pico de descarga $q_p$da IUH é obtido como,

$$q_p = \frac{(n-1)^{n-1}}{K \times \Gamma(n)} \times e^{-(n-1)} \quad (6.10)$$

O produto de (6.9) e (6.10) dá uma função do parâmetro de Nash n . Assim,

$$q_p \times t_p = \frac{(n-1)^n}{\Gamma(n)} \times e^{-(n-1)} \quad (6.11)$$

Equacionando (6.8) e (6.11), chega-se à seguinte relação.

$$\frac{(n-1)^n}{\Gamma(n)} \times e^{-(n-1)} = 0.5764\left(\frac{R_B}{R_A}\right)^{0.55} R_L^{0.05} \quad (6.12)$$

Utilizando as técnicas de otimização do MatLab de (6.12), obtemos o parâmetro n do modelo IUH de Nash. Reorganizando (6.9) e substituindo o lado direito de (6.7) *por fort*$_p$, o valor de K pode ser resolvido a partir de,

$$K = \frac{0.44}{n-1} \times \left(\frac{L_\Omega}{V_d}\right)\left(\frac{R_B}{R_A}\right)^{0.55} R_L^{-0.38} \quad (6.13)$$

É necessária uma estimativa correta da velocidade dinâmica em (6.13).

6.4.3 Estimativa da velocidade dinâmica

A velocidade dinâmica proposta por Rodriguez-Iturbe e Valdes (1979) é a velocidade correspondente ao pico de descarga para um determinado evento de precipitação e escoamento na bacia hidrográfica. De seguida, são discutidas duas formas de determinar o parâmetro da velocidade. i) A velocidade de equilíbrio pode ser obtida com a ajuda da equação de Manning.

Assim,

$$V_d = \frac{1}{n_m} R_c^{2/3} \overline{S}_{cm}^{1/2} \quad (6.14)$$

onde nm - coeficiente de rugosidade de Manning; R - raio hidráulico; e $\overline{S}_{cm}$ - declive do canal principal (Bhaskar et al, 1997).

11) Quando não se dispõe de um coeficiente de rugosidade de Manning, mas se dispõe da velocidade e dos caudais correspondentes a diferentes níveis de água na estação de medição, pode estabelecer-se uma equação de regressão entre a velocidade e o coeficiente de rugosidade de Manning.

intensidade do excesso de precipitação $(V_d = \beta i_e^{\delta})$ em que $i_e = P(e) / \Delta t$ em (mm/h)β e δ são constantes (Sarkar et al, 2009).

Os dados de precipitação disponíveis não fornecem informações pormenorizadas sobre a duração de uma determinada tempestade; apenas indicam o início e o fim da precipitação. As tempestades com duração superior a uma hora são consideradas como tendo uma profundidade de precipitação uniformemente distribuída ao longo de todo o período. Por outro lado, as tempestades de chuva com duração inferior a uma hora são consideradas como tendo ocorrido durante a duração de uma hora, independentemente da duração efectiva da tempestade. Consequentemente, as análises de precipitação-escoamento dos dados registados mostram que, na maioria dos casos, as descargas máximas ocorrem antes ou ao mesmo tempo que o excesso de precipitação, o que está longe da realidade, uma vez que existe um desfasamento temporal entre o ERH e o DRH. Isto deve-se possivelmente ao facto de a bacia hidrográfica registar uma precipitação de curta duração e de alta intensidade na maioria dos casos e, por conseguinte, um intervalo de tempo de uma hora do hietógrafo de excesso de precipitação utilizado na análise da precipitação pode não ser a abordagem correta.

Devido ao facto anterior, não foi fácil obter a equação de regressão entre a velocidade dinâmica e a intensidade do excesso de precipitação. Em vez disso, a velocidade no pico de descarga de uma tempestade selecionada é calculada aplicando (6.14). Aqui, o coeficiente de rugosidade de Manning adotado para este estudo é 0,035 e 0,04 para montante e jusante, respetivamente. Os perfis exactos da secção do canal nas estações de medição não estavam disponíveis. Com base no DEM, no Google Earth e nas informações disponíveis, as secções trapezoidais aproximadas com declives laterais de 1:1 e larguras de fundo de 11 m e 15 m para Debarwa e Ghergera, respetivamente, podem ser adequadas para aplicações da equação de Manning.

Finalmente, o GIUH é desenvolvido com a ajuda do modelo de Nash (6.1) para diferentes valores de t. Isto representa um IUH de 1cm de excesso de precipitação que foi tomado como uma entrada instantânea no sistema. Por conseguinte, multiplicando este IUH pela área da bacia hidrográfica, obtém-se a descarga (m^3/s).

6.5 Desenvolvimento do GIUH para a bacia do Mereb-Gash

Uma das limitações das aplicações UH é o facto de não poder ser utilizada para grandes bacias hidrográficas. Recomenda-se a sua aplicação em pequenas bacias hidrográficas, embora não exista um valor fixo, uma vez que as condições de captação variam de local para local. Não se sabe qual o valor limite aplicável às bacias hidrográficas da Eritreia. Assim, foram utilizadas aqui duas abordagens para a derivação de UH em diferentes escoadouros utilizando a técnica baseada no GIUH, tal como foi discutido nas secções anteriores deste capítulo; considerando toda a área que contribui para o escoadouro selecionado, independentemente da dimensão da área, e tomando em consideração o valor limite. Para esta última abordagem, a literatura recomenda que a UH seja aplicada a bacias hidrográficas com uma área inferior ou igual a 5.000 km^2. Assim, a bacia inteira é dividida em quatro sub-bacias de modo a que esta abordagem do valor limite seja mais ou menos mantida, como se mostra na Fig. 6.5. Os resultados são comparados com o SUH desenvolvido utilizando os dados observados de Debarwa. Ao convoluir estes UHs e as suas respectivas precipitações mais severas, os escoamentos de projeto podem ser calculados. Para escoamentos constituídos por mais de uma sub-bacia, o escoamento pode ser determinado aplicando técnicas de encaminhamento hidrológico a cada sub-bacia e sobrepondo-as. A ordem mais elevada dos cursos de água da bacia é cinco, como indicado no Quadro 6.4.

6.6 Desenvolvimento da UH a partir do GIUH

O objetivo final do desenvolvimento do GIUH é obter um UH com a duração necessária que, por sua vez, pode ser utilizado para o cálculo do escoamento superficial direto. Assim, a seguinte equação é utilizada para este fim:

$$(D\text{-hour UH})_t = \frac{1}{2}[(IUH)_t + (IUH)_{t-D}] \qquad (6.15)$$

em que D - é a duração da UH

As UH da hora D foram obtidas atrasando as IUH pela sua duração respectiva (hora D) e as ordenadas correspondentes são somadas e divididas por dois. A duração da UH prevista é considerada igual à duração da UH observada.

Quadro 6.4 Comprimento e área dos escoadouros selecionados da bacia do Mereb-Gash

Sub-bacia	Ordem de fluxo	Número total de fluxos N_w	Comprimento total dos cursos de água L_w(km)	Área total de drenagem dos cursos de água A_w(km^2)
Tsorona	1	142	621.7685	2833.387
	2	34	460.9406	4057.767
	3	6	152.5531	4492.699
	4	2	67.4864	4643.675
	5	1	3.5454	4652.755
Adi-Chigono (exceto Tsorona)	1	197	895.4215	4012.122
	2	43	410.3495	5232.942
	3	12	282.3845	6208.796
	4	2	61.6543	6413.243
	5	1	153.9113	6902.206
Adi-Chigono (incluindo Tsorona)	1	339	1517.1899	6845.5090
	2	77	871.2901	9290.7090
	3	18	434.9376	10701.4950

	4		4	129.1407	11056.9180
	5		1	157.4568	11554.9610
Tokombia (exceto Adi-Chigono)	1	170		765.678	3162.947
	2	48		384.114	4119.73
	3	14		167.128	4634.515
	4		2	56.744	4867.067
	5		1	130.425	5318.489
Tokombia (incluindo Adi- Chigono)	1	509		2282.8679	10007.0710
	2	125		1255.4041	13410.4390
	3	32		602.0656	15336.0100
	4		6	185.8847	15923.9850
	5		1	287.8818	16873.4500
Tessenei (exceto Tokombia)	1	165		792.242	3153.4870
	2	44		436.133	4176.6890
	3	10		113.839	4449.6160
	4		1	14.189	4497.7840
	5		1	129.424	4931.7900
Tessenei (incluindo Tokombia)	1	674		3075.1099	13160.5580
	2	169		1691.5371	17587.1280
	3	42		715.9046	19785.6260
	4	7		200.0737	20421.7690
	5	1		417.3058	21805.2400
Etio-1	1	11		43.705	183.999
	2	2		15.523	226.298
	3	1		28.607	319.481
Etio-2	1	17		56.197	280.477
	2	4		52.512	432.817
	3	2		14.904	475.707
	4	1		14.568	515.711

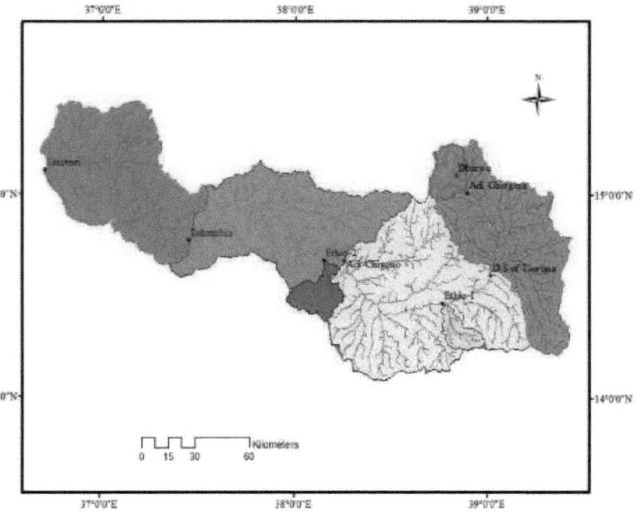

Fig. 6.5 Sub-bacias da bacia hidrográfica do rio Mereb-Gash

Tabela 6.5 Valores dos parâmetros geomorfológicos para as sub-bacias selecionadas

Sub-bacia e comprimento de ordem superior	Ordem de fluxo	Comprimento médio da corrente $\overline{L}_w$ (km)	Comprimento médio acumulado do curso de água (km)	Área média do curso de água $\overline{A}_w$ (km2)	Rácio de bifurcação R_B	Rácio do comprimento do curso de água R_L	Rácio do comprimento médio acumulado dos cursos de água	Rácio da área do curso de água R_A
	1	4.38	4.38	19.95	4.18	-	-	-
	2	13.56	17.94	119.35	5.67	3.10	4.10	5.98
Tsorona	3	25.43	43.36	748.78	3.00	1.88	2.42	6.27
L_Ω= 20	4	33.74	77.10	2321.84	2.00	1.33	1.78	3.10
	5	3.55	80.65	4652.76	-	0.11	1.05	2.00
				Média	3.71	1.60	2.33	4.34
	1	4.55	4.55	20.37	4.58	-	-	-
Adi-Chigono	2	9.54	14.09	121.70	3.58	2.10	3.10	5.98
(excluindo	3	23.53	37.62	517.40	6.00	2.47	2.67	4.25
Tsorona) l_Ω =153,9	4	30.83	68.45	3206.62	2.00	1.31	1.82	6.20
	5	153.91	222.36	6902.21	-	4.99	3.25	2.15
				Média	4.0412	2.72	2.71	4.64
	1	4.48	4.48	20.19	4.40	-	-	-
Adi-Chigono	2	11.32	15.79	120.66	4.28	2.53	-	5.98
(incluindo	3	24.16	39.95	594.53	4.50	2.14	-	4.93
Tsorona) L_Ω =157,5	4	32.29	72.24	2764.23	4.00	1.34	-	4.65
	5	157.46	229.70	11554.96	-	4.88	-	4.18
				Média	4.30	2.72	-	4.93

	1	4.50	4.50	18.61	3.54	-		-
	2	8.00	12.51	104.43	3.43	1.78		4.61
Tokombia (excluindo Adi-Chigono) L_Ω =130,4	3	11.94	24.44	435.47	7.00	1.49		3.86
	4	28.37	52.82	2869.00	2.00	2.38		7.35
	5	130.43	183.24	8187.49	-	4.60		2.19
				Média	3.99	2.56		4.50
	1	4.49	4.49	19.66	4.07	-		-
	2	10.04	14.53	107.28	3.91	2.24		5.46
Tokombia (incluindo Adi-Chigono) L_Ω = 287,9	3	18.82	33.34	479.25	5.33	1.87		4.47
	4	30.98	64.32	2654.00	6.00	1.65		5.54
	5	287.88	352.21	16873.45	-	9.29		6.36
				Média	4.83	3.76		5.46
	1	4.80	4.80	19.11	3.75	-		-
	2	9.91	14.71	94.93	4.40	2.06		4.97
Tessenei (excluindo Tokombia) L_Ω = 129,4	3	11.38	26.10	444.96	10.00	1.15		4.69
	4	14.19	40.29	4497.78	1.00	1.25		10.12
	5	129.42	169.71	4931.79	-	9.12		1.10
				Média	4.79	3.40		5.22

Sub-bacia e comprimento de ordem superior	Ordem de fluxo	Comprimento médio da corrente $\bar{L}_w$ (km)	Comprimento médio acumulado dos cursos de água (km)	Fluxo médio área $\bar{A}_w$ (km^2)	Rácio de bifurcação R_B	Rácio do comprimento do curso de água R_L	Rácio do comprimento médio acumulado dos cursos de água	Rácio da área do curso de água R_A
	1	4.56	4.56	19.53	3.99	-		-
	2	10.01	14.57	104.07	4.02	2.20		5.33
Tessenei (incluindo Tokombia) L_Ω= 417.3	3	17.05	31.62	471.09	6.00	1.70		4.53
	4	28.58	60.20	2917.40	7.00	1.68		6.19
	5	417.31	477.51	21805.24	-	14.60		7.47
				Média	5.25	5.04		5.88
	1	3.97	3.97	16.73	5.50	-		-
Ethio-1 L_Ω= 28,6	2	7.76	11.74	113.15	2.00	1.95		6.76
	3	28.61	40.34	319.48	-	3.69		2.82
				Média	3.75	2.82		4.79
	1	3.31	3.31	16.50	4.25	-		-
Ethio-2 L_Ω= 14,6	2	13.13	16.43	108.20	2.00	3.97		6.56
	3	7.45	23.89	237.85	2.00	0.57		2.20

4	14.57	38.45	515.71	-	1.96	2.17
			Média	2.75	2.17	3.64

L_Ω - é em quilómetros

CAPÍTULO-7

RESULTADOS E DEBATES

7.1 GIUH para a sub-bacia do Alto Mereb-Gash

Os valores dos parâmetros IUH do modelo de Nash são determinados a partir de (6.12) e (6.13) com a ajuda do MatLab (versão 7.6, 2008). Assim, os valores de n são de 3,034 e 3,085 para Debarwa e Ghergera, respetivamente. O parâmetro K é inversamente proporcional à velocidade dinâmica, como se pode ver na equação (6.13) e, entretanto, é muito sensível a pequenas variações da mesma. A velocidade dinâmica calculada através da equação de Manning é também, por sua vez, sensível ao coeficiente de Manning (n_m). Assim, o valor de n_m recomendado por Chow et al (1988) para canais naturais não foi considerado adequado neste caso, uma vez que produz velocidades muito elevadas. As velocidades calculadas para as diferentes tempestades são grandes, provavelmente devido aos declives mais elevados dos canais principais e aos pequenos valores de K (menos de 0,6 h).

Como mencionado anteriormente, os parâmetros de Nash poderiam ter sido obtidos a partir do ERH e DRH observados. Basicamente, isto é útil para validar os parâmetros do modelo de Nash baseado no GIUH. No entanto, devido à falta de correspondência e às incertezas do ERH e do DRH, este tipo de análise é excluído. Para os eventos de tempestade selecionados, são calculados diferentes parâmetros, produzindo uma média de t_p e $Q_p$de 1,093 h e 269,41m^3/s e 1,039 h e 721,394 m^3/s para as bacias hidrográficas dos rios Debarwa e Ghergera, respetivamente. O tempo para o pico e a descarga de pico dependem muito de L_Ω. O parâmetro L_Ω da bacia a jusante é muito menor do que o da bacia a montante e o seu efeito reflectiu-se nos valores do tempo para o pico, como se mostra na Tabela 7.1. Embora o tempo até ao pico de ambas as bacias seja quase o mesmo, o pico de descarga da bacia a jusante é aproximadamente o dobro do da bacia a montante.

Os UHs apresentados nas Fig. 7.1 e Fig. 7.2 revelam que, para durações mais curtas, o GIUH e o UH são aproximadamente iguais. Por conseguinte, é bastante aceitável considerar o GIUH equivalente ao UH para durações inferiores a uma hora. Além disso, o modelo de Nash baseado no GIUH e os UHs de Sherman para a bacia hidrográfica de Debarwa não apresentam diferenças significativas entre os parâmetros UH correspondentes. O mesmo se aplica aos resultados da bacia hidrográfica de Ghergera em 2007, com exceção do dia 17 de julho de 2007, em que o pico é mais elevado, com um pico temporal mais pequeno. Isto pode dever-se à não uniformidade da precipitação, ou seja, a precipitação pode ter ocorrido nas proximidades da saída. Pelo contrário, nota-se claramente uma diferença significativa na produção de ambos os UHs para os dados de 2006 em Ghergera. A razão para esta irregularidade pode ser devida a erros na utilização das técnicas de cálculo de descargas adequadas.

Tabela 7.1 Parâmetros UH de diferentes eventos de tempestade

Sub-bacia	Data da tempestade	Palco(m)	V_d (m/s)	K (h)	tp (h)	Qp (m3/s)
Debarwa (n= 3.034)	17 de julho de 2006	1.96	4.2173	0.5335	1.085	279.730
	2 de agosto de 2006	2.20	4.4895	0.5012	1.019	283.292
	4 de agosto de 2006	2.10	4.3780	0.5139	1.045	277.495
	16 de agosto de 2006	1.58	3.7451	0.6008	1.222	237.123
Ghergera (n= 3.085)	2 de agosto de 2006	2.20	3.8730	0.5809	1.182	660.843
	4 de agosto de 2006	2.10	3.7736	0.5962	1.213	623.295
	22 de agosto de 2006	4.00	5.344	0.4210	0.856	801.458
	5 de agosto de 2007	2.37	4.6126	0.4878	0.992	776.425
	10 de agosto de 2007	3.50	4.8024	0.4685	0.953	744.947

7.2 Comparação de várias UHs

A UH obtida pelo método de Sherman e pelo método SUH de Snyder é comparada com a obtida pelo modelo de Nash baseado no GIUH, utilizando diferentes métodos de avaliação do desempenho: eficiência do modelo (EFF) (Nash e Sutcliff, 1970) e raiz do erro quadrático médio (RMSE), como a seguir se indica,

$$EFF = \left(1 - \sum_{i=1}^{m} (Q_{oi} - Q_{ci})^2 / \sum_{i=1}^{m} (Q_{oi} - \overline{Q}_o)^2 \right) \times 100 \qquad (7.1)$$

e

$$RMSE = \sqrt{\frac{\sum (Q_{oi} - Q_{ci})^2}{m}} \qquad (7.2)$$

em que Qoi = ordenada i[th] da descarga observada (m^3/s); $\overline{Q}_o$ = média das ordenadas da descarga observada (m^3/s); Q_{ci}= descarga calculada (m^3/s); m = número de ordenadas. Os valores calculados são apresentados no Quadro 7.2 e no Quadro 7.3.

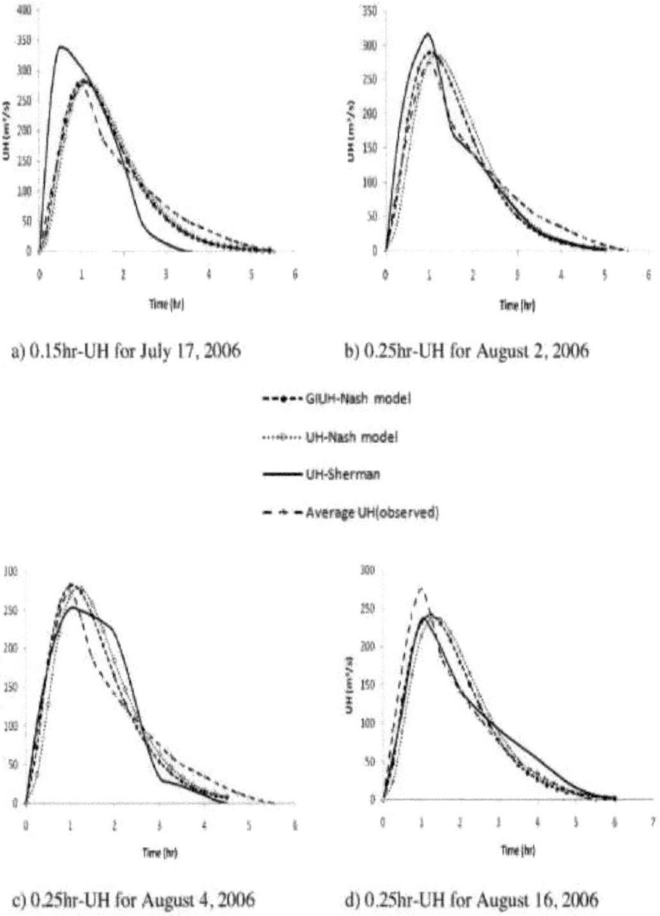

Fig. 7.1 UHs derivados para a bacia hidrográfica do rio Debarwa

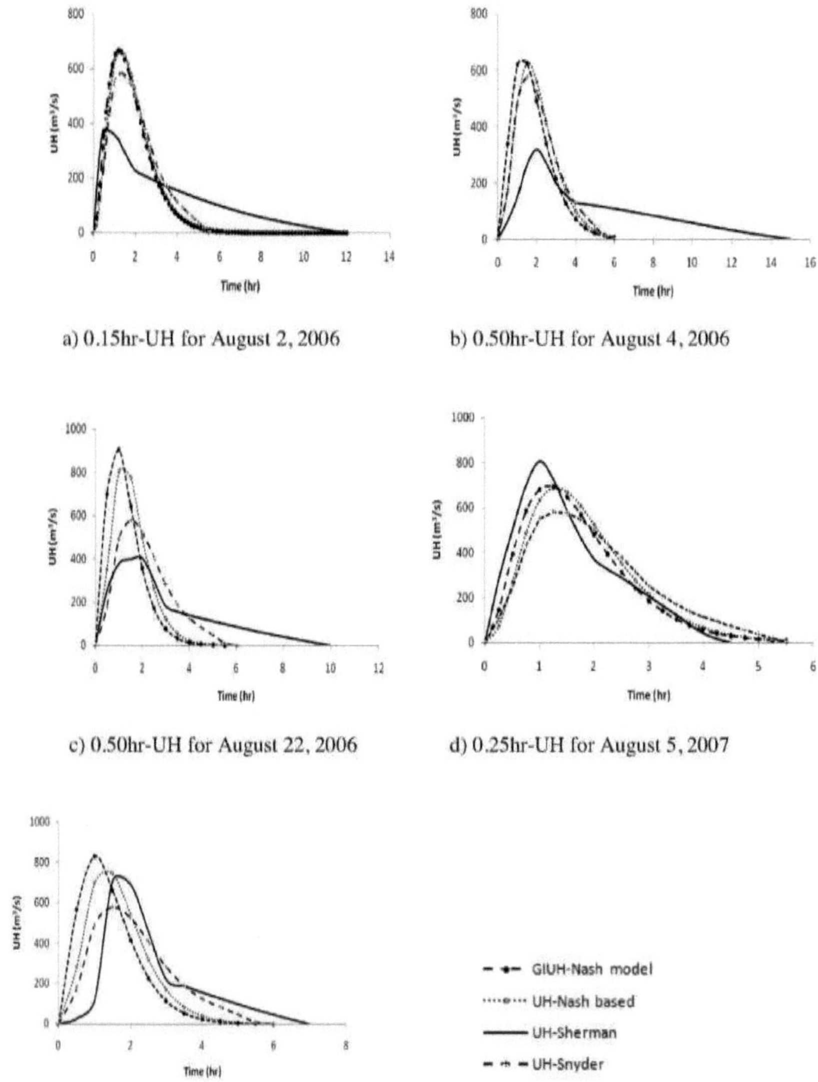

a) 0.15hr-UH for August 2, 2006 b) 0.50hr-UH for August 4, 2006

c) 0.50hr-UH for August 22, 2006 d) 0.25hr-UH for August 5, 2007

e) 0.5hr-UH for August 10, 2007

Fig. 7.2 UHs derivados para a bacia hidrográfica do rio Ghergera

Quadro 7.2 Avaliação do desempenho do modelo de Nash baseado no GIUH

S.n.	Data da tempestade	Debarwa		Ghergera	
		RMSE	FEP (%)	RMSE	FEP (%)
1	17 de julho de 2006	16.25	58.33	-	-
2	2 de agosto de 2006	10.2	78.44	6.14	91.10
3	4 de agosto de 2006	5.94	93.09	5.75	98.96

S.n.	Data da tempestade	Debarwa		Ghergera	
		RMSE	FEP (%)	RMSE	FEP (%)
4	16 de agosto de 2006	4.79	88.92	-	-
5	22 de agosto de 2006	-	-	38.16	54.02
6	5 de agosto de 2007	-	-	9.81	94.32
7	10 de agosto de 2007	-	-	27.32	76.43

Quadro 7.3 % de variações dos parâmetros UH na sub-bacia superior do Mereb-Gash

S.n.	Data da tempestade	Debarwa		Ghergera	
		tp	*Qp*	*tp*	*Qp*
1	17 de julho de 2006	20.57	-10.95	-	-
2	2 de agosto de 2006	1.93	-10.03	0	10.8
3	4 de agosto de 2006	4.53	9.89	0	7.77
4	16 de agosto de 2006	22.19	0.45	-	-
5	22 de agosto de 2006	-	-	-33.33	38.58
6	5 de agosto de 2007	-	-	0	18.13
7	10 de agosto de 2007	-	-	0	28.81

7.3 UHs de várias sub-bacias

Tal como referido no capítulo anterior, são considerados dois casos nesta análise. Em primeiro lugar, quando a bacia é dividida em sub-bacias mais pequenas e, em segundo lugar, quando é considerada toda a área acima do ponto de descarga selecionado. Dado que quase todas as bacias hidrográficas selecionadas não dispõem de dados históricos ao longo da bacia do rio Mereb-Gash, com exceção do Mereb-Gash superior, os seus GIUH são desenvolvidos atribuindo valores à velocidade dinâmica para o cálculo dos parâmetros GIUH. Quanto menor for a velocidade dinâmica, menor será o pico de descarga, maior será o tempo de pico e o tempo de base e vice-versa. Os UHs desenvolvidos para o segundo caso são comparados com o SUH previamente derivado. Os resultados indicam (Fig. 7.3, Fig. 7.4, Fig. 7.5 e Fig. 7.6) que, com o aumento da área de captação, o SUH e o GIUH divergem, como no caso de Tessenei, Tokombia e Adi-Chigono. Além disso, o pico de descarga é mais elevado e o tempo de pico é menor no caso do SUH em comparação com o GIUH destas bacias hidrográficas. Por outro lado, observa-se que quando a área da bacia hidrográfica é pequena como a de Ethio1 e Ethio2, ambas as abordagens dão resultados mais ou menos semelhantes (Fig.7.7).

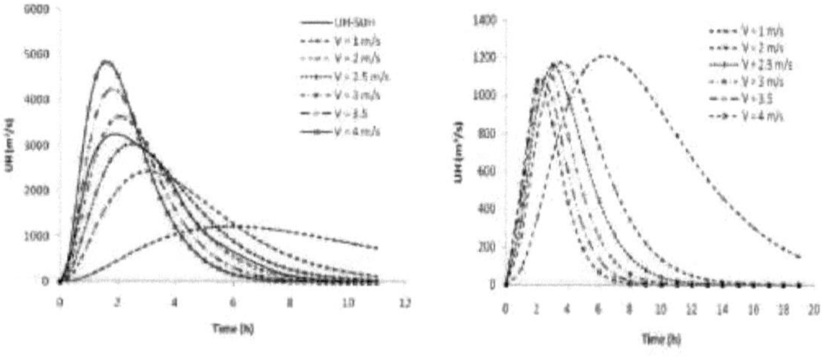

a) b)

Fig. 7.3 UHs para a bacia hidrográfica de Tsorona a) 0,25 h UH b) 1 h UH

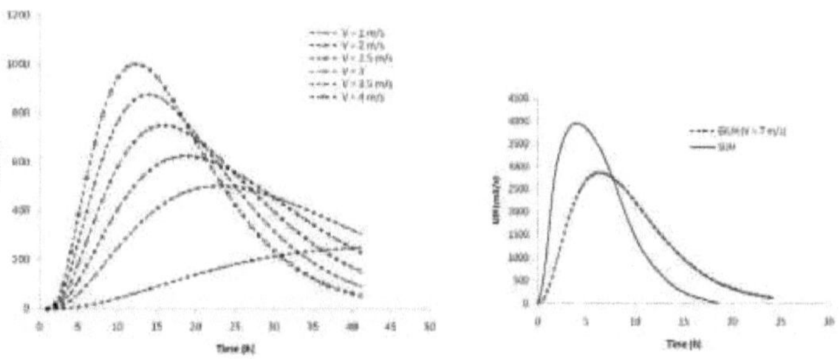

a) b)

Fig. 7.4 UHs para Adi-Chigono a) 1 h UH excluindo Tsorona b) 0,25 h UH incluindo Tsorona

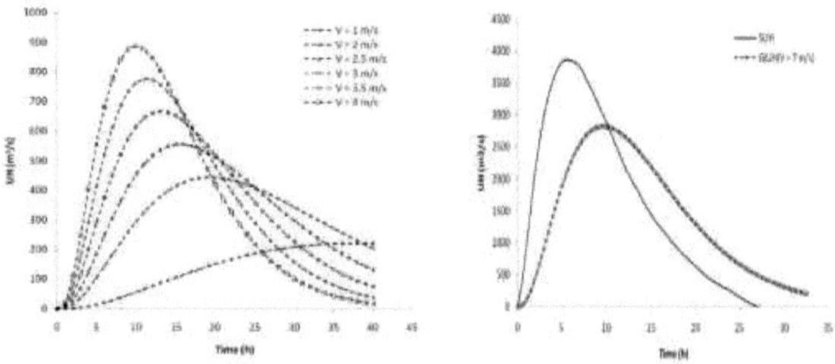

a) b)

Fig. 7. 5 UHs para Tokombia a) 1 h UH excluindo Adi-Chigono b) 0,25 h UH incluindo Adi-Chigono

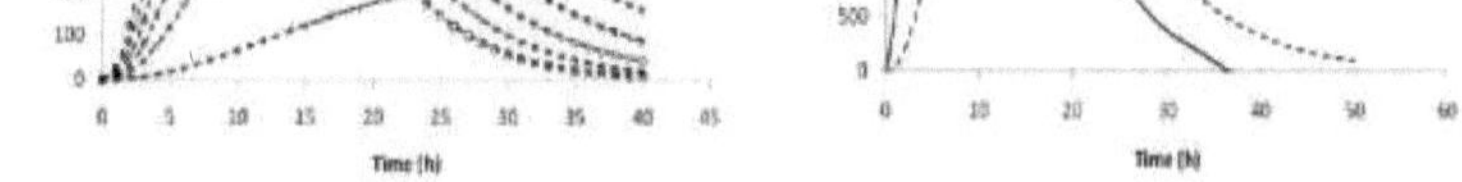

a) b)

Fig. 7. 6 UHs para Tesseni a) 1 h UH excluindo Tokombia b) 0,25 h UH incluindo Tokombia

Quando a bacia é dividida em sub-bacias mais pequenas, são calculados diferentes parâmetros de cada sub-bacia, como indicado no Quadro 7.4, para um parâmetro de velocidade dinâmica assumido. Uma velocidade dinâmica de 4 m/s e uma duração de 1h são selecionadas para Tsorona, Adi-Chigono, Tokombia e Tessenei. Por outro lado, assume-se uma velocidade que dá um pico mais ou menos igual ao de SUH para Ethio1 e Ethio2 e uma duração de 0,25 h.

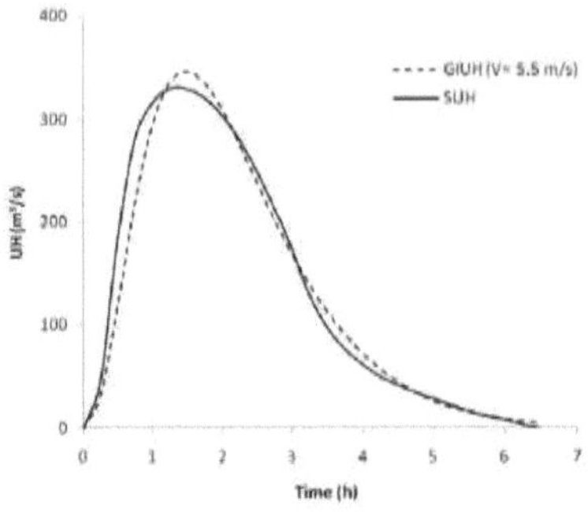

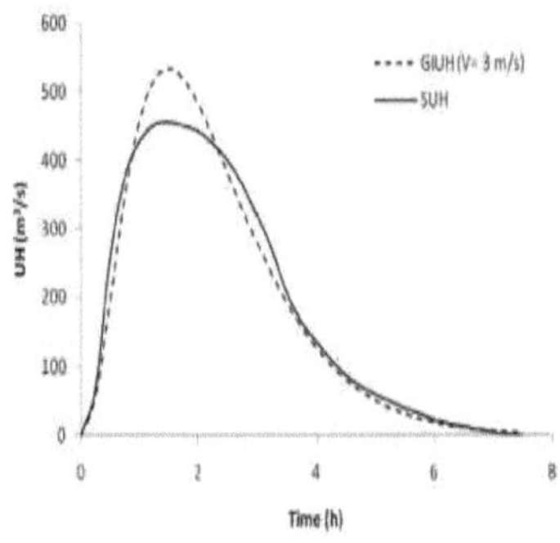

a) b)

Fig. 7.7 UHs para áreas além do limite a) 0,25 h UH para Ethio1 b) 0,25 h UH para Ethio2

Como explicado anteriormente, L_a é o parâmetro mais sensível e reflecte-se aqui na sub-bacia de Tsorona. O facto de a saída ser selecionada de forma a que um afluente importante se junte ao rio principal desta sub-bacia perto da saída é a causa de a área ter o comprimento mais pequeno de ordem superior (L_n). Consequentemente, isso influenciou muito o seu pico temporal e o seu coeficiente de armazenamento (K).

Tabela 7.4 Valores de parâmetros diferentes dos escoamentos selecionados (Caso 1)

Parâmetro	Tsorona	Adi-Chigono	Tokombia	Tessenei	Etio1	Etio2
n	3.07	3.14	3.17	3.31	2.93	2.81
V (m/s)	4.00	4.00	4.00	4.00	5.50	3.00
K(h)	0.71	5.02	4.33	3.70	0.70	0.7526
tp(h)	1.46	10.16	9.40	8.54	1.35	1.37
q (m^3/s)	1078.04	999.00	886.91	934.26	346.15	534.65
Duração	1.00	1.00	1.00	1.00	0.25	0.25

CONCLUSÕES E RECOMENDAÇÕES

Conclusão

Os UH derivados do modelo de Nash baseado no GIUH para a bacia hidrográfica do rio Debarwa podem ser utilizados para o cálculo de escoamentos superficiais diretos, uma vez que não há diferença significativa entre os UH derivados pelo método de Sherman e o método do modelo de Nash baseado no GIUH. Do mesmo modo, devido à proximidade entre o SUH e o modelo de Nash baseado no GIUH, os dados de descarga medidos em Ghergera em 2007 parecem estar corretos, ao passo que os dados de 2006 estão errados devido a erros de cálculo da descarga ou a uma mudança de estação de medição. No entanto, depois de comparar os resultados do modelo de Nash baseado no GIUH com o SUH, embora o pico de descarga obtido pelo primeiro seja ligeiramente superior ao do segundo, dá resultados satisfatórios e pode ser utilizado para o cálculo direto do escoamento superficial.

Tornou-se claro que o método SUH é aplicável a pequenas áreas de captação como Debarwa, Adi-Ghergera, Ethio1 e Ethio2, que são inferiores a 550 km^2. O pressuposto principal de homogeneidade das bacias hidrográficas não se sustenta bem com o aumento da área de captação que, por sua vez, afecta os valores das constantes regionais. Em consequência, para as bacias hidrográficas maiores (Tsorona, Tokombia, Adi-Chigono e Tessenei), observa-se uma divergência entre o modelo de Nash baseado no GIUH e o SUH. Por conseguinte, é necessário um estudo mais aprofundado para garantir que a aplicação do modelo de Nash baseado no GIUH é tão boa como quando é aplicado a pequenas bacias hidrográficas, comparando com as descargas observadas.

A previsão do escoamento superficial a partir de medições de precipitação existentes depende em grande medida da duração do intervalo de tempo considerado. As análises de precipitação-escoamento dos dados registados mostram que, na maioria dos casos, as descargas máximas ocorrem antes ou ao mesmo tempo que o excesso de precipitação, o que está longe da realidade, uma vez que existe um desfasamento temporal entre o ERH e o DRH. Isto deve-se possivelmente ao facto de a bacia hidrográfica registar uma precipitação de curta duração e de alta intensidade na maioria dos casos e, por conseguinte, um passo temporal de uma hora do hietógrafo de excesso de precipitação que é utilizado na análise da precipitação pode não ser a abordagem correta.

Recomendação

As imagens de satélite Landsat utilizadas para a elaboração do mapa NDVI foram obtidas em datas diferentes, em meses diferentes e mesmo, em alguns casos, em anos diferentes. Esta diferença no tempo tem sido a principal causa da discrepância entre os pixéis, o que provoca uma redução inevitável da qualidade do mapa obtido. Por conseguinte, para uma melhor investigação da utilização/cobertura do solo, vale a pena utilizar imagens que não sejam do domínio público.

É possível obter melhores resultados de UH de uma determinada área utilizando o modelo Nash baseado no GIUH, que fornece o estado no momento da descarga máxima e os perfis da secção transversal do rio na estação de medição.

O comprimento da ordem mais elevada é considerado o parâmetro mais sensível. Assim, ao selecionar os escoadouros na derivação de UH pelo modelo de Nash baseado no GIUH, recomenda-se vivamente que o escoadouro se situe de forma a que nenhum rio principal se junte ao rio principal.

Quase todos os registos de estádios para um determinado escoamento nas estações superiores do Mereb-Gash não foram totalmente registados. Consequentemente, este facto afectou não só o número de caudais selecionados para análise, mas também se verificou ser uma fonte de erro na obtenção da forma completa do hidrograma de escoamento superficial (particularmente as suas bases temporais), que são obtidas por interpolação entre duas descargas medidas no intervalo requerido. Por conseguinte, recomenda-se a instalação de registadores automáticos de estádios para evitar esta limitação.

REFERÊNCIAS

Negassi A., Bein E., Ghebru K., Tengnas B. (2002), "*Soil and water conservation for Eritrea*". Regional Land Management Unit (RELMA), Swedish International Development Coorporation Agency (Sida), Nairobi, Quénia.

. Benson M. A. (1962), "Factors influencing the occurrence of flood in a humid region of diverse terrain". *USGS Water Supply Paper* 1580-B, Departamento do Interior, Washington, D.C.

. Bhaskar N. R., Parida B. P., e Nayak A. K. (1997), "Flood estimation for ungauged catchments using the GIUH". *Journal of Water Resources Planning and Management*, 123(4), 228-238.

. Buishand T. A. (1982), "Some methods for testing the homogeneity of rainfall records". *Journal of Hydrology* 58: 11-27.

. Chow V.T. (1964), "*Handbook of Applied Hydrology*". Mc Graw-Hill Book Co. Inc., Nova Iorque, EUA.

. Chow V. T., Maidment D. R., e Mays L. W. (1988), "*Applied Hydrology*". McGraw-Hill Inc., Nova Iorque, N.Y.

. Clark C. O. (1945), "Storage and the unit hydrograph". *Transactions of the American Society of Civil Engineers* 110:1419-1446.

. Clarke K. D. (1981), "Statistical methods for the extrapolation of data from research and experimental basins". *Technical Documents in Hydrology* SC.81/WS/59, UNESCO, Paris.

. Collins W. T. (1939), "Runoff distribution graphs from precipitation occurring in more than one time unit". *Engenharia Civil* 9(9):559-561.

Davidson O., Halsnaes K., Huq S., Kok M., Metz B., Sokona Y., e Verhagen J. (2003), "The development and climate nexus: the case of sub-Saharan Africa". *Climate Policy* 3S1: S97-S113.

Dawit B. (2008), Relatório "Stream discharge data of Debarwa area for 2007 and 2008 wet season". Global Resources Development and Management Consultants, Asmara, Eritreia.

Dean J. D. e Snyder W. M. (1977), "Temporally and aerially distributed rainfall". *Journal of the Irrigation and Drainage division Proceedings of the ASCE* 103(IR2): 221-229.

Dennis D. Mwanza. (2003), "Water for Sustainable Development in Africa". *Environment, Development and Sustainability*, Kluwer Academic Publishers, Países Baixos.

Dooge J. C. I. (1959), "A general theory of unit hydrograph" (Uma teoria geral do hidrograma unitário). *Journal of Geophysical Research,* 64(2):241-256.

FAO. (1997), "*Irrigation Potential in Africa: A basin approach*". Boletim Terra e Água-4, Roma.

FAO. (2005), "*Irrigação em África em números".* Inquérito AQUASTAT, Roma.

Garry L. Grabow, Peter G. McCornick, e James G. Rankl. (1998), "Stream Gauging of Torrential Rivers of Eastern Eritrea". *Journal of Hydrologic Engineering,* 3: 211-214.

Gupta V.K., Waymire E.C., Wang C.T. (1980), "A representation of an instantaneous unit hydrograph from geomorphology". *Water Resources Research,* 16: 855- 862.

Gupta V.K., Waymire E.C., Rodriguez-Iturbe I. (1986), "On scales gravity and network structure in basin runoff". In: Gupta, V.K., Rodn'guez-Iturbe, I., Wood, E.F. (Eds.), Scale Problems in Hydrology. D. Reidel, Dordrecht, Holanda, pp, 159-184.

Holme A. McR., Burnside D.G. e Mitchell A. (1987), "The development of a system for monitoring trend in range condition in the arid shrublands of Western Australia". *Australian Rangeland Journal,* 9:14-20.

Horton R. E. (1923), "Accuracy of rainfall estimates". *Monthly Weather Review* 51: 384-53.

Horton R. E. (1945), "Erosional development of streams and their drainage basins: hydrophysical approach to quantitative morphology". *Geological Society of America Bulletin* 56: 275-370.

Indian Standards Institution, Recommendations for estimation of discharge by establishing stage-discharge relation in open channels, IS: 2914 - 1964.

Painel Intergovernamental sobre as Alterações Climáticas (IPCC). (2008), "*Climate change and water*". Documento técnico VI do IPCC.

Linsley R.K., Kohler M. A., Paulhus J. L. H. (1958), "*Hydrology for Engineers".* Mc Graw-Hill Book Co. Inc., Nova Iorque, EUA.

Mamdouh Shahin. (2003), "*Hydrology and water resources of Africa".* Kluwer Academic Publishers, Países Baixos.

Mathur B. S. (1974a), "Natural catchment representation by a series of linear channels". 1. *Actas do Simpósio de Varsóvia sobre Modelos Matemáticos em Hidrologia*, 2: 634-642.

Mathur B. S. (1974b), "Natural catchment representation by a series of linear channels". 2. *Actas*

do Simpósio de Varsóvia sobre Modelos Matemáticos em Hidrologia, 2: 643-652.
Nash J. E. (1957), "The form of the instantaneous unit hydrograph" (A forma do hidrograma unitário instantâneo). *Publicação da Associação Internacional de Hidrologia Científica,* 45(3): 114-121.
Nash J. E. (1958), "Determining runoff from rainfall". *Proceedings of the institute of Civil Engineers* 10:163-84, Dublin, Irlanda.
Nash J. E., e Sutcliffe, J. V. (1970), "River Flow Forecasting Through Conceptual Models, Part I: A discussion of principles". *Journal of Hydrology*, 10(3): 282-290.
Nourani V., Singh V. P., e Delafrouz D. (2008), "Three geomorphological rainfall-runoff models based on the linear reservoir concept". *Journal of Catena* 76: 206-214.
Rodriguez-Iturbe I., Valdes J.B. (1979), "The geomorphologic structure of hydrology response". *Investigação sobre Recursos Hídricos,* 15: 1409-1420.
Rodriguez-Iturbe I, Gonzalez-Sanabria M, Bras R. L. (1982a), "The geomorphoclimatic theory of the instantaneous unit hydrograph". *Water Resources Research,* 18(4): 877-886.
Rosso R. (1984), "Nash model relation to Horton order ratios". *Water Resources Research,* 20, 914- 920.
Rouse J. W., Haas R. H., Schell J. A., e Deering D. W. (1973), "Monitoring vegetation systems in the Great Plains with ERTS". *Terceiro Simpósio ERTS*, NASA SP-351 I, 309-317.
Sarkar, S., Geol, N. K., e Mathur, B. S. (2009), "Adequacy of Nakagami-m distribution function to derive GIUH". *Journal of Hydrologic Engineering.* 14(10): 1070-1079.
.SCS. (1957), "*Use of Storm and Watershed Characteristics in Synthetic Hydrograph Analysis and Application".* V. Mockus. Departamento de Agricultura dos EUA, Serviço de Conservação do Solo, Washington, DC.
Shaw M. E. (1994), "*Hydrology in practice*". Stanley Thomas Publishers Ltd, Londres, Grã-Bretanha. Sherman L.K. (1932), "Stream flow from rainfall by unit-graph method". *Engineering news-Record,* 108(4):501-505.
Singh V. P. (1988), "*Hydrologic Systems, Rainfall-Runoff Modeling".* vol. I, Prentice-Hall, Englewood Cliffs, New Jersey, USA.
Singh V. P. (1989), "*Hydrologic Systems, Watershed Modeling".* vol. II, Prentice-Hall, Englewood Cliffs, New Jersey, USA.
Singh V. P., e Birsoy Y. K. (1975b), "Comparison of the methods of estimating mean areal rainfall". *Nordic Hydrology* 6(4): 222-241.
Snyder F.F. (1938), "Synthetic unit hydrographs". *Transacções, União Geofísica Americana,* 19, 447-454.
Strahler A. N. (1957), "Quantitative Analysis of watershed geomorphology" (Análise quantitativa da geomorfologia de bacias hidrográficas). *Transacções, União Geofísica Americana* 38:913-920.
Subramanya K. (2008), "*Engineering Hydrology*". Tata Mc Graw-Hill Publishing Company Limited, Nova Deli, Índia.
Taylor A.B., e Schwarz H.E. (1952), "Unit hydrograph lag and peak flow related to basin characteristics". *Transactions, American Geophysical Union,* 33,235-246.
Tesfagiorgis G. H. (1993), "*Emergent Eritrea: challenges of economic development*". Red Sea Press, Nova Jersey, EUA.
Vasudevu K. (2009), "Development and Management of Groundwater in Eritrea, N-E Africa". *Jornal Indiano de Ciência e Tecnologia,* 2(1) 80-85.
Williams G. D., and Haghoe H. N. (1982), "Procedures for computing and mapping Thiessen weighting factors from digitized district boundaries and climatological station latitudes and longitudes". LRRI Contributions No. 8226, Research Branch, Agriculture Canada, Ottawa, Ontário.
Wilser C. O. e Brater E. F. (1959), "*Hydrology*". John Wiley, Nova Iorque, EUA.
Wooding R. A. (1965), "A hydraulic modeling of the catchment-stream problem". 1. Teoria das ondas cinemáticas. *Journal of Hydrology* 3:254-267.
Yen B. C., Lee K. T. (1997), "Unit hydrograph derivation for ungauged watersheds by stream order laws". *Journal of Hydrologic Engineering,* 2(1): 19.
Yevjevich V. (1992), "Water and civilization". *Water International,* 17(4):163-171.
Zerai H. (1996), "Groundwater and geothermal resources of Eritrea with the emphasis on their chemical quality". *Journal of African Earth Sciences,* 22(4): 415-421.

. Zoch, R. T. (1934), "On the relation between rainfall and stream flow". *Monthly Weather Review*, 65(4): 105-121.

APÊNDICES

Apêndice A

Quadro A-1(a) Dados em falta preenchidos utilizando o método do poder de distância para agosto de 2005

Data	Série de precipitação diária para o mês de agosto de 2005							
	Abardae	Adi Kefelet	Amadir	Adi Tsnay	Gebele Kelay	Selae Daero	Shketi	Tala
1	0.0	0.0	0.0	3.6	**1.1**	0.0	1.0	0.0
2	9.9	15.6	0.0	0.0	**4.4**	12.4	3.5	6.3
3	1.5	0.6	0.0	8.4	**1.9**	0.0	0.0	0.0
4	25.5	4.5	4.1	12.9	**7.3**	2.5	4.9	5.0
5	3.1	0.0	0.0	6.0	**3.4**	21.5	0.0	0.0
6	33.2	0.0	0.0	0.0	**1.6**	0.0	0.0	0.0
7	11.0	5.5	9.0	38.5	**23.0**	29.0	22.9	20.0
8	13.0	8.0	1.7	6.3	**8.8**	32.7	6.2	10.0
9	2.5	15.2	0.0	43.9	**19.9**	71.4	4.2	15.0
10	0.0	0.0	0.0	0.0	**0.1**	1.0	0.0	0.0
11	37.0	7.8	20.8	5.6	**9.4**	8.6	0.0	24.0
12	0.0	9.3	0.0	0.5	**3.2**	0.0	7.0	0.0
13	0.0	0.0	0.0	0.0	**0.0**	0.0	0.0	0.0
14	0.0	16.0	0.0	2.4	**3.2**	0.0	3.8	3.2
15	0.0	6.0	0.0	1.3	**2.2**	0.0	0.0	15.3
16	0.0	0.0	25.3	0.4	**16.7**	2.0	37.1	0.0
17	0.0	0.0	0.0	0.0	**0.7**	0.0	2.0	0.0
18	3.3	3.8	0.0	0.0	**1.6**	0.0	0.0	12.0
19	8.9	0.0	0.0	5.3	**1.6**	0.0	0.0	0.0
20	4.5	0.0	0.0	15.0	**8.2**	19.6	8.4	0.0
21	2.5	0.0	0.0	1.0	**1.8**	7.1	2.1	1.5
22	0.0	0.0	0.0	0.0	**3.7**	16.0	6.4	0.0
23	27.5	10.3	9.4	0.0	**8.9**	0.0	13.0	11.0
24	0.0	0.0	0.0	22.0	**4.8**	0.0	0.0	0.0
25	0.0	0.0	0.0	0.0	**0.0**	0.0	0.0	0.0
26	14.2	11.5	10.3	5.5	**5.4**	9.1	0.0	6.4
27	2.8	27.4	6.9	3.5	**7.1**	13.4	3.5	11.0
28	12.0	39.5	13.6	42.1	**20.4**	45.5	3.1	13.0
29	1.8	0.0	2.5	0.0	**0.4**	0.0	0.0	0.0
30	1.0	0.0	0.0	0.0	**0.0**	0.0	0.0	0.0
31	9.9	0.0	0.0	0.0	**0.5**	0.0	0.0	0.0

Os números a negrito são dados preenchidos.

Quadro A-1(b) Dados em falta preenchidos utilizando o método do poder de distância para setembro de 2005

Data	Séries de precipitação diária para o mês de setembro de 2005							
	Abardae	Adi Kefelet	Amadir	Adi Tsnay	Gebele Kelay	Selae Daero	Shketi	Tala
1	2.0	0.2	0.0	2.2	**1.3**	0.0	2.1	0.0
2	0.0	0.0	0.0	0.0	**0.5**	0.0	0.0	4.6
3	0.0	0.0	0.0	0.0	0.0	0.0	0.0	0.0
4	0.0	0.0	0.0	0.0	0.0	0.0	0.0	0.0
5	0.0	0.0	0.0	0.0	0.0	0.0	0.0	0.0
6	0.0	10.0	0.0	0.0	0.0	0.0	0.0	3.0
7	0.0	0.0	0.0	0.0	0.0	0.0	0.0	0.0
8	0.0	0.0	2.7	0.0	0.0	0.0	0.0	2.0
9	0.0	0.0	0.0	0.0	0.0	0.0	0.0	0.0
10	0.0	0.0	0.0	0.0	0.0	0.0	0.0	0.0
11	0.0	0.0	0.0	0.0	0.0	0.0	0.0	0.0
12	0.0	0.0	0.0	0.0	2.0	0.0	0.0	0.0
13	0.0	0.0	0.0	0.0	0.0	0.0	0.0	0.0
14	0.0	0.0	0.0	0.0	0.0	0.0	0.0	0.0
15	0.0	0.0	0.0	0.0	0.0	0.0	0.0	0.0
16	0.0	0.0	0.0	0.0	0.0	0.0	0.0	0.0
17	0.0	0.0	0.0	0.0	0.0	0.0	0.0	0.0
18	0.0	0.0	0.0	0.0	0.0	0.0	0.0	0.0
19	0.0	0.0	0.0	0.0	0.0	0.0	0.0	0.0
20	0.0	0.0	0.0	0.0	0.0	0.0	0.0	0.0
21	0.0	0.0	1.9	0.0	6.0	0.0	0.0	6.0
22	0.0	0.0	0.0	0.0	0.0	0.0	0.0	0.0
23	0.0	0.0	0.0	0.0	0.0	0.0	0.0	0.0
24	0.0	0.0	0.0	0.0	0.0	0.0	0.0	0.0
25	0.0	0.0	0.0	0.0	0.0	0.0	0.0	0.0
26	0.0	0.0	0.0	0.0	0.0	0.0	0.0	0.0
27	0.0	0.0	0.0	0.0	0.0	0.0	0.0	0.0
28	0.0	0.0	0.0	0.0	0.0	0.0	0.0	0.0
29	0.0	0.0	0.0	0.0	0.0	0.0	0.0	0.0
30	0.0	0.0	0.0	0.0	0.0	0.0	0.0	0.0

Os números a negrito são dados preenchidos.

Apêndice B Hietógrafo de precipitação efectiva e hidrograma de escoamento direto para eventos selecionados nas estações do alto Mereb-Gash

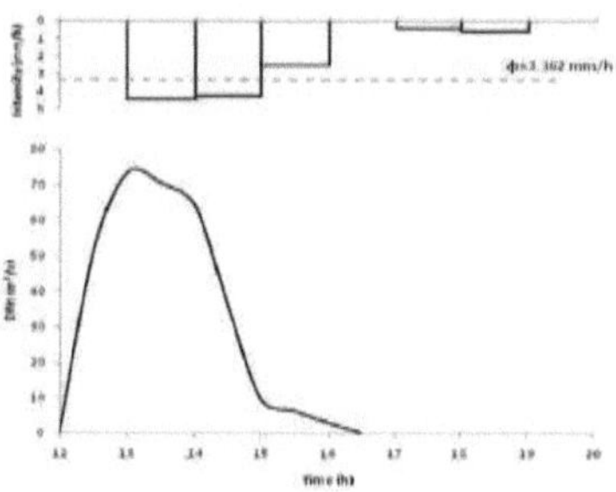

August 4, 2006 at Debarwa

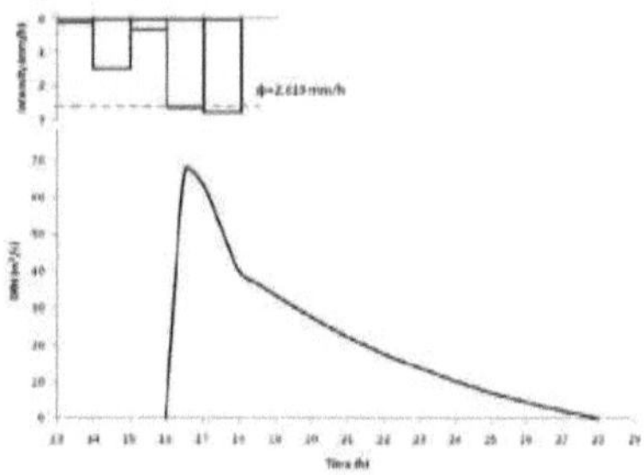

July 17,2006 at Debarwa

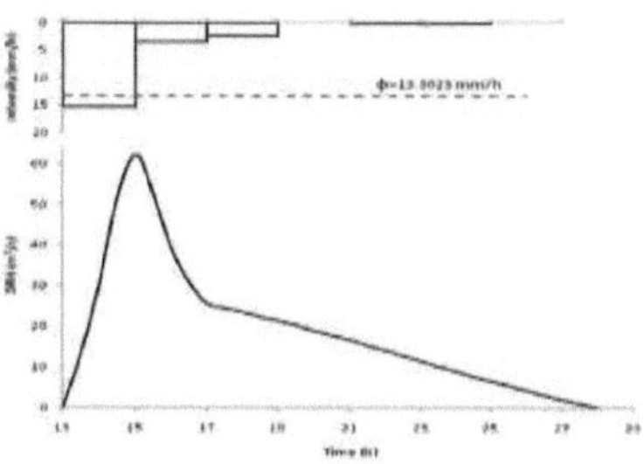

August 4, 2006 at Ghergera

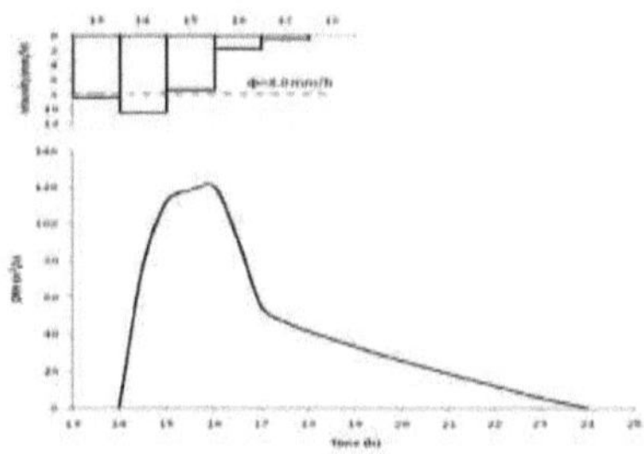

August 22, 2006 at Ghergera

MIX
Papier aus verantwortungsvollen Quellen
Paper from responsible sources
FSC® C105338

Printed by Books on Demand GmbH, Norderstedt / Germany